U0396462

广东省高等学校名牌专业教材

管理科学与工程类专业应用型本科系列规划教材

SQL Server
数据库轻松实务

——基于SQL Server 2005、SQL Server 2016

SQL Server Shujuku Qingsong Shiwu——Jiyu SQL Server 2005、SQL Server 2016

◉ 赵良辉　肖建华 / 编著

华南理工大学出版社
SOUTH CHINA UNIVERSITY OF TECHNOLOGY PRESS

·广州·

内容简介

本书以数据库入门者为主体读者，以 SQL Server 2005 和 SQL Server 2016 为基本操作界面，讲述了数据库的基本原理和 SQL Server 数据库的基本操作方法。对于数据库学习的入门者来说，本书阐述的数据库原理和基本操作适用于 SQL Server 2005 版之后的几乎所有版本，也为所有与数据库管理系统有关的操作准备了 SQL Server 2005 和 SQL Server 2016 两个版本的图例（在两者相同的情况下则只有一种图例），以利于学习者更好地了解和掌握数据库技术。

本书适合作为大学本科、专科及高职院校等数据库课程教材，也非常适合初学者学习。就专业而言，适合非计算机专业的以数据库应用、管理为重点的学生学习。计算机专业学生同样可以将本教材作为入门的辅助资料。

图书在版编目（CIP）数据

SQL Server 数据库轻松实务：基于 SQL Server 2005、SQL Server 2016/赵良辉，肖建华编著. —广州：华南理工大学出版社，2017.6（2018.7 重印）

管理科学与工程类专业应用型本科系列规划教材

ISBN 978 - 7 - 5623 - 5269 - 3

Ⅰ. ①S… Ⅱ. ①赵… ②肖… Ⅲ. ①关系数据库系统-教材 Ⅳ. ①TP311.138

中国版本图书馆 CIP 数据核字（2017）第 093126 号

SQL Server 数据库轻松实务——基于 SQL Server 2005、SQL Server 2016
赵良辉　肖建华　编著

出 版 人：卢家明

出版发行：华南理工大学出版社

（广州五山华南理工大学 17 号楼　邮编：510640）

http://www.scutpress.com.cn　Email: scutc13@scut.edu.cn

营销部电话：020 - 87113487　87111048（传真）

策划编辑：潘宜玲　胡　元

责任编辑：谢茉莉

印 刷 者：虎彩印艺股份有限公司

开　　本：787mm×1092mm　1/16　印张：12.5　字数：312 千

版　　次：2017 年 6 月第 1 版　2018 年 7 月第 2 次印刷

定　　价：32.00 元

前　言

　　数据库技术是通过研究数据库的结构、存储、设计、管理以及应用的基本理论和实现方法，并利用这些理论来实现对数据库中的数据进行处理、分析和理解的技术。

　　数据库技术发展到今天已经非常成熟，但由此也带来了一个弊端：数据库技术不再受到重视，在软件研发、信息系统管理或电子商务工作中常被置于可有可无的地位。很多企业或公司信息管理部门对于数据库的设计和维护过于随意，由此导致系统的数据管理工作在低水平上运行，甚至经常出错，造成经济损失。

　　出现上述问题的原因在于系统的维护和使用者未能真正理解数据库技术的基本原理，将其视为与办公表格软件或数据统计软件类似的数据处理工具，未能从管理者的角度出发，将数据库与真实数据环境结合起来，实现数据库与对应业务系统的一一对应。

　　本教材以实用为特点，跳出常见的数据库教材理论框架，讲解数据库设计的基本思想和数据库操作的基本技术，力求成为帮助数据库学习者快速上手、快速理解数据库的有用工具。

　　本书的编者自 2008 年以来一直讲授"数据库原理与应用"课程，在教学经验日渐丰富的同时，通过与学生的交流，深刻把握初学者在学习过程中的所思所想，了解初学者学习中易犯的错误、通常难理解的章节，逐渐形成了一整套深入浅出、易学易用的数据库教学方案。这套方案摒弃了传统数据库教材理论完备、巨细无遗但难看难懂的缺点，以应用为核心，恰当引入基础理论，在辅导学生轻松入门的同时保证了理论框架的完备，使学习者既能轻松入门，又为后期知识体系升级打下坚实的基础。

　　本教材的特色：

　　● 基于编者丰富的教学经验，对数据库学习中的常见错误进行了分析，在帮助初学者入门上有独特的优势。

　　● 偏重实践，不牵涉较深的原理，加入了较多实操讲解和案例。

　　本教材的 1～4 章为数据库设计篇，5～13 章为数据库操作篇，可依据需要学习。

　　因作者水平有限，书中难免存在错误，敬请读者批评、指正。

作　者

2017 年 3 月

目录

第1章 绪 论

1.1 为什么要学数据库

学习数据库需要解决的最初始问题就是"为什么要学数据库?"

这个问题可以转化为另一个问题,即"数据库有什么用?"毫无疑问,数据库是用来记录和管理数据的,在这方面人类已经有非常多的工具,最开始是人类自己的头脑,然后是记录用的纸笔,再然后是计算机文本文件,接着是电子表格之类的表格文档。

到了表格文档这个程度,数据的记录已经是非常方便了,那么为什么一定要用数据库来代替电子表格,作为一种更先进的数据记录方式呢? 下面将用几个实例来说明数据库在哪些方面比一般的电子表格(如 Excel)更有用。

1.1.1 数据访问的难题

设想你是某大学教务处的一个职员,某天教务处长交给你一个数据查询的任务:

查找本校所有 1992 年出生、至少 1 门功课不及格而且本学期修了至少 5 门课的学生。

将上述任务分解一下,可分成 3 个小任务:

①找出所有 1992 年出生的学生。

②从中找出他们的所有成绩,统计不及格课程数;保留所有不及格课程数非零的学生。

③从中找出本学期选课记录,统计选课门数。

假设学校有学生 8 000 人,则第①步需要查询 8 000 人次出生年份;第②步需要查询每位学生的成绩(假设);第③步需要查询每位学生的选课记录。假设平均每位学生有 10 门功课成绩,且 1992 年出生的学生占学生总数的 1/4,且每位学生单学期平均选课 8 门,那么总共需要查询的次数为:

$$8\ 000 + 8\ 000/4 \times (10 + 8) = 44\ 000$$

如果单次查询(通过手工翻找学生名册)需要 1 秒钟的时间,则上述工作需要 12 小时左右,也就是一天半的工作时间;如果使用 Excel 查询,且查询者精通电子表格的使用,一般也需要不少于 1 小时来完成,而且不能保证准确性(从概率的角度而言肯定会出错)。

那么借助数据库管理完成上述工作需要多久呢? 只要掌握了数据库查询技术,一般 1～5 分钟即可完成,只需输入下述几行 SQL 代码[①]:

---

① 为便于和正文文字区分,本书所有 SQL 代码都采用小写,但并不是不允许大写形式的代码。秉承 Windows 系统不区分大小写的习惯,SQL 语言亦不区分大小写,因此读者可任意使用不同大小写形式进行编码。

```
select 学号 from 学生表 where year( 出生日期) =1992          —第一行
Intersect                                                    —第二行
select distinct 学号 from 成绩表 where 分数＜60              —第三行
Intersect                                                    —第四行
select 学号 from 选课表 group by 学号 having count(＊)＞=5   —第五行
```

其中，第一行的代码表示"找出所有出生日期在 1992 年的学生的学号"，第三行的代码表示"找出所有分数小于 60 分的学生的学号并去除重复学号"，第五行表示"找出所有已选课数目大于等于 5 的学生的学号"，而第二行和第四行表示"求它们的交集"。因此最后的查询结果就是上述任务所要的答案。

由此可见，特定数据的访问上，使用数据库具有压倒性的优势。

1.1.2 数据完整性问题

假设某位同学 Tom 考上了 A 大学，入学报到后在学生名册上留下了一行信息，见表1.1 第二行。

表 1.1　学生名册

学号	姓名	性别	出生日期	备注
1011	Mary	女	1998－2－1	
1012	Tom	男	1999－9－9	
1013	Jack	男	1997－5－23	

军训结束后 Tom 选择了两门课程打算学习，于是在"选课表"上留下了一行信息，见表 1.2 第二行。

表 1.2　选课表

学号	姓名	课程编号	课程名称
1011	Mary	A01	高等数学
1011	Mary	A02	大学英语
1012	Tom	A01	高等数学
1012	Tom	A05	数据库原理
1013	Jack	A02	大学英语

但是世事无常，Tom 因为对高考失利耿耿于怀，加上对所选专业也不满意，打算休学重新参加高考。校方劝解无效之后将他的信息从学生名册中删除。至于 Tom 在学校教学系统中留下的其他信息，一来教务信息内容庞大而教学管理人手有限，二来不牵涉经济问题，因此清理得并不完善，其中也包括选课表 1.2。

这样一来，正式上课之时，教师发现 Tom 未出席，查询他的详细信息时却发现在学生名册中根本没有这个学生。于是，一个"不存在"的学生选修了一门"数据库原理"课程，难道学校中存在某个选课的鬼魂吗？

造成这种错误的当然不是鬼魂，但是，如果采用纸张或者电子表格来进行上述信息管理，这样的错误是会经常发生的。错误的原因就在于表和表之间的信息联系很难通过人的记忆，或表格软件有限的功能来维持。

使用数据库可以轻松解决这一问题。数据库可以保护数据的"参照完整性"，对于选课表而言，其中的学生信息（学号、姓名）作为外键存在，也就是其数据必须来自学生名册。当需要删除学生名册中某条记录时，选课表中的对应记录会自动执行事先设定好的操作，例如自动删除选课表中整条记录（称为"级联删除"），或者自动将该选课记录中的"学号""姓名"两列的内容设置为空，具体如何操作由数据库设计者规定。也就是说，不管怎样，数据库中都不会出现一个"不存在"的学生选课事件，数据的一致性得以保证。

1.1.3　数据操作的原子性问题

让我们考虑一个银行的转账过程：你需要从你自己的 A 账户转账 500 万元到客户的 B 账户，则银行的操作过程为：

步骤 1：读取两账户初始状态：A = 1 000 万元，B = 0 元；

步骤 2：将 A 的内容减去 500 万元，A = 500 万元，B = 0 元；

步骤 3：将 B 的内容加上 500 万元，A = 500 万元，B = 500 万元。

如果银行不是使用数据库，而是使用电子表格来进行账户管理，那么有可能出现这样的状况：在刚刚完成步骤 2 的时候断电了，经过手忙脚乱的抢修电路之后，再次打开 A 账户，发现金额变成了 500 万元，而 B 账户依然为 0，你的 500 万元凭空消失了。

当然，这样的情况一般不可能发生；但是如果没有特殊的数据操作设计，出现隐患的可能将一直存在，而普通电子表格没有相应的解决方法。

现在来看看数据库如何解决上述问题：数据库将上述从步骤 1 到步骤 3 的整个过程定义为一个"原子"，即不可再分的操作集合，所有步骤或者全部被执行，或者全部未被执行，不允许处于某一中间状态；这样的原子称为一个"事务"。有了"事务"的概念，那么不管是否断电，客户的账户或者处于事务执行前的一致性状态（步骤 1 执行前），或者处于事务执行后的一致性状态（步骤 3 执行后），都是可以接受的状态。

数据库使用事务日志和其他措施来保证数据操作的原子性问题。

1.1.4　数据冗余和不一致以及安全性问题

为了保证重要数据的安全，我们一般习惯将数据备份到其他地方，这就造成了数据的冗余，由此也带来另一个"数据不一致"的问题：当前数据更新时，备份的数据有没有更新？如果没有同步更新，很可能在很久之后需要恢复数据时，无从判别哪一处的数据才是真正有效的。

因此，数据冗余和由此导致的数据不一致是数据保存的大问题。数据库系统有一套完整的方案保证数据冗余最小，而且数据备份与当前数据之间绝不会无法分辨（基于差异备份和自动时间记录等措施）。

另外，数据的访问权限也是电子表格难以解决的问题。很多企业发工资的时候给职工的工资信息是"工资条"，即将纸质工资表剪成一条条，每条对应一个职工的工资，这样做的目的是为了防止职工看到别人的工资。如果使用数据库的权限管理，只需为每个职工设定访问权限，则不但可限制职工只能看到自己的工资，还能进行更细致的数据访问权限设计。

通过上述实例我们可以看到，数据库确实在数据管理方面具有其他数据记录方式无可比拟的优势，只要对数据管理有要求的企业、单位或个人都应该使用数据库管理系统。一些常见的数据库使用情形如下：

- 银行：存储客户信息、账户、贷款记录。
- 航空业：订票和航班信息处理。
- 学校：学生信息储存、课程注册、成绩记录等。
- 电信业：通话记录、电话卡余额查询。
- 证券公司：股票、债券的持有、出售、买入信息。
- 制造业：供应链管理、人力资源管理。
- 公安局：身份证信息、通缉信息、指纹系统。
- 网站：用户名、密码、访问时长和次数、个人信息管理。
- 商店：货物名称、存量、价格、供应商信息、销售信息、税收信息等的管理。

1.2　桌面数据库与网络数据库

一般只用于单机的、很少联网使用的数据库产品被称为桌面数据库系统，最常见的有Access、Visual FoxPro 等，Excel 有时也被归类为桌面数据库。桌面数据库的主要特点如下：

（1）广泛用于单机环境；

（2）用于一般桌面型操作系统如 WinXP、Win10 等；

（3）不提供或提供有限的网络应用功能；

（4）没有或提供弱化的安全方案；

（5）主要面向日常办公需要。

这样的数据库产品侧重于个人数据管理，强调可操作性、易开发和简单管理，一般不能用于企业数据库环境。

以 SQL Server 为代表的网络数据库系统与传统意义上的桌面数据库相比有以下优点：

（1）企业级的网络数据库一般需要网络操作系统支持，如 Windows Server、Linux Server 等（在一般桌面操作系统上也可以安装运行，但管理海量数据时影响效率）；

（2）拥有专用的数据库系统管理工具，与软件的前端开发工具相互独立；

（3）具有强大的网络功能和分布式管理功能；

（4）支持先进的大规模数据库技术、海量用户并行查询、多线程服务器等；

（5）提供完备、复杂的数据安全性方案，具有强大的数据恢复能力。

由此可见桌面数据库与网络数据库是两种明显不同的产品，前者一般被归入办公自动化系统。本教材以网络数据库为学习的核心。

1.3　数据库的历史

数据库技术是伴随计算机的产生而产生的。世界上第一台计算机产生于 1946 年，名字叫"ENIAC"，它是一台体积庞大、耗电量大的真空管计算机。数据处理技术随着计算机和软件的发展同步发展，具体可分为三个阶段：

（1）人工管理阶段（20 世纪 50 年代中期以前）：计算机主要用于计算工作，数据与程序代码共存在纸带、卡片、磁带等存储介质中。

（2）文件系统阶段（20 世纪 50 年代后期至 60 年代中期）：数据可以作为单独的文件储存在操作系统中，可以长期保存并通过文件系统管理，但仍有数据共享性差、冗余度大和数据独立性差的缺点。

（3）数据库系统阶段（20 世纪 60 年代后期至今）：出现了统一管理数据的数据库管理系统，标志着数据管理技术的飞跃。

目前主流的商用数据库管理软件如图 1.1 所示，其中 ORACLE 占据了差不多一半的市场份额，SQL Server 约占五分之一（2008 年 Gartner 数据）。另外，MySQL 是一款非常流行的开放源代码数据库系统，它的优势是结构简单、完全免费（图 1.2）。

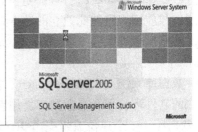

图 1.1　主流商用数据库管理软件

图 1.2　主流免费数据库产品

那么，应该选择哪个产品作为我们学习数据库的工具呢？参考如下：

● 国企、事业单位，中小型企业信息管理，建议精通 Windows/Office/C#/Microsoft SQL Server，因为这类工作岗位上会经常做小软件的快速开发及数据快速处理。

- 百度、阿里巴巴这类互联网企业，建议精通 MySQL，因为这类企业不愿意花钱购买正版软件，同时又需要对源代码进行定制，因此 MySQL 最适合这类企业。
- 专门从事大型软件项目开发，以及电信、电商、金融等资金充裕且对数据安全最重视的企业，适合使用 ORACLE。
- 对于初学数据库的学生来说，建议学习 Microsoft SQL Server（2005，2008，2014，2016 等版本），因为微软平台从 Windows 操作系统、VS 开发工具到 C#语言编程等，无论是安装、使用还是学习都很方便，并且书籍也很多。使用这个平台，能让初学者将注意力集中在核心内容的学习上，避免很多无关因素的打扰。例如 ORACLE 是用命令行来控制且主要在 Linux 下使用，而多数初学者根本不了解 Linux 系统。

1.4　数据库系统基本概念

与数据库相关的具体概念包括以下几个方面：

（1）数据（data）：数据库中储存的基本对象，是我们通过观察、实验或计算得出的（数值）结果。数据有很多种，最简单的就是数字，也可以是文字、图像、声音等。数据可以用于科学研究、设计、查证等。

（2）数据库（database）：以一定方式储存在一起、能为多个用户共享、具有尽可能小的冗余度、与应用程序彼此独立的数据集合。

（3）数据库管理系统（database management system，简称 DBMS）：管理数据库的计算机软件。

（4）数据库系统（database system，简称 DBS）：计算机应用系统，包含数据库、数据库所存在的软件环境和所有数据库使用者和管理者。通常由四个部分组成：

- 数据库。一个单位或组织需要管理的全部关系数据的集合。
- 硬件。计算机系统的各种物理设备。
- 软件。包括操作系统、数据库管理系统及应用程序。
- 人员。主要分四类：

第一类为系统分析员和数据库设计人员。系统分析员负责应用系统的需求分析和规范说明，他们和用户及数据库管理员一起确定系统的硬件配置，并参与数据库系统的概要设计。数据库设计人员负责数据库中数据的确定、数据库各级模式的设计。

第二类为应用程序员，负责编写使用数据库的应用程序。这些应用程序可对数据进行检索、建立、删除或修改。

第三类为最终用户，他们利用系统的接口或查询语言访问数据库。

第四类用户是数据库管理员（database administrator，DBA），负责数据库的总体信息控制。DBA 的职责包括：具体数据库中的信息内容和结构，决定数据库的存储结构和存取策略，定义数据库的安全性要求和完整性约束条件，监控数据库的使用和运行，负责数据库的性能改进、数据库的重组和重构，以提高系统的性能。

1.5 数据库的三级模式

所谓"模式"可理解为"式样""布局""逻辑结构"。人们为数据库设计了一个严谨的体系结构,数据库领域公认的标准结构是三级模式结构,它包括外模式、概念模式、内模式。三级模式结构有效地组织、管理数据,提高了数据库的逻辑独立性和物理独立性。

模式:数据库的整体逻辑结构,可以简单理解为数据库包含哪些数据表、表间的关系、表内的结构等,以及在基本表的基础上设立的安全性、完整性工具。模式是数据库中全体数据的逻辑结构和特征的描述,是现实世界某应用环境(企业或单位)的所有信息内容集合的表示,是所有用户的公共数据视图。模式的其他称呼有概念模式、逻辑模式、全局模式。

外模式:数据库用户看到并允许使用的、对局部数据的逻辑结构和特征的描述,是数据库用户的视图,一般与具体的应用程序相关。由于数据库的用户有多种,因此外模式也有多个,外模式也可称为子模式、应用模式、用户模式、局部模式。

内模式:指数据库的物理结构、数据库在计算机中的存储方式,又称为内模式、存储模式、物理模式。

数据库系统的三级模式是数据的三个抽象级别,它把数据的具体组织留给 DBMS 管理,使用户能逻辑地、抽象地处理数据,而不必关心数据在计算机中的表示和存储。三种模式之间的关系见图 1.3。

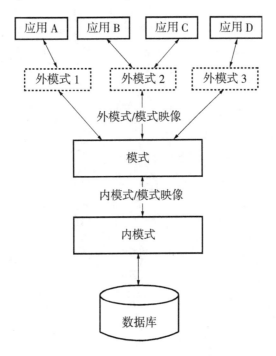

图 1.3　数据库的三级模式

　　为了实现这三个层次上的联系和转换，数据库系统在这三级模式中提供了两层映象：外模式/模式的映象和模式/内模式的映象。

　　通过数据库的二级映像可保证数据库与应用程序之间的独立性，具体可分为逻辑独立性和物理独立性。

　　逻辑独立性：当数据库的整体逻辑结构发生变化时，通过调整外模式和模式之间的映像，使得外模式中的局部数据及其结构不变，程序不用修改。

　　物理独立性：当数据库的存储结构发生变化时，通过调整模式和内模式之间的映像，使得整体模式不变，于是外模式及应用程序也不用改变。

　　上述独立性的保证一般都由数据库管理系统来完成（少数情境也需要人工操作）。当需要修改模式，例如增加或修改属性时，只需对外模式/模式映像进行修改，而不用对外模式进行修改，从而保证了基于外模式的应用程序可以照常使用，保证了数据的逻辑独立性。当存储结构（存储设备或存储方式）改变时，只需改变模式/内模式映像，而不用改变模式，这样即使服务器的物理存储设备不断更新，数据的逻辑结构仍然保持稳定，保证了数据的物理独立性。

【习题】

　　1. 为什么要学习数据库？

　　2. 桌面数据库和网络数据库的区别是什么？它们分别适合什么职业的人使用？

　　3. 数据库的逻辑独立性和物理独立性都是为了什么目的？既然逻辑独立性已经可以保证使用数据库的程序不用修改了，那么物理独立性是不是可有可无呢？

第 2 章　概念模型与数据模型

　　数据库是各个部门、企业应用所涉及的数据的集合，它不仅反映数据本身所表达的内容，而且还反映数据之间的联系。计算机不能直接处理现实世界中的具体事物，必须事先将具体事物转换成计算机能够处理的数据。

　　在数据库系统的形式化结构中如何抽象表示、处理现实世界中的信息和数据呢？答案就是数据模型。

2.1　用数据反映现实世界的过程

　　数据是为了记录、反映现实世界而存在的，其实现途径就是通过人的思维加工，将从现实世界中接收到的信息变成头脑中的概念，再把这个概念实现到计算机中来（图 2.1）。

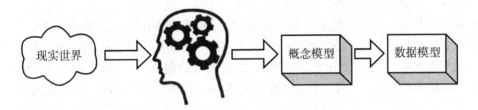

图 2.1　三种世界的模型转换

　　由此产生了"信息的三个世界"的说法，即现实世界、存在于头脑中的信息世界（概念）、计算机中的数据世界。

　　（1）现实世界：现实存在的世界。现实世界包罗万象，我们只需要观察我们感兴趣的那一部分。我们所关注的一类事物称为"实体"，这一类事物共有的属性称为特征。

　　（2）信息世界：现实世界在我们头脑中的反映。换言之，就是我们所关注的事物在我们头脑中形成的概念。

　　（3）计算机世界：把信息世界表现到计算机中而得到的世界，是信息世界在计算机中的具体表达。

　　现实世界在信息世界的表达，我们称为"概念模型"，它是独立于计算机世界的；概念模型在计算机世界中的表达称为"数据模型"。

2.2 概念模型及其设计

2.2.1 基本概念

概念模型是对现实世界的抽象和概括。概念模型涉及的概念有实体和实体集、联系和联系集、属性和码。

1. 实体和实体集

实体是现实世界中可与其他事物相区别的事物或"物体""事件"。例如一个学生、一栋大楼、一个公司、一个节日等等。显然，实体可以是实实在在的物质，也可以是抽象的概念。

我们需要通过对实体属性的描述来描述实体，例如描述某个学生，我们说他的姓名是什么、学号是多少、有多高（身高属性）、有多重（体重属性），无一不是实体的属性，通过这些属性的集合我们才能获得一个综合的"学生"的概念，因此我们把具有相同属性的（即同类的）实体的集合称为实体集。属于同一实体集的所有实体具有共同的属性，但是每个实体在属性上的取值是不一样的。例如对于所有的学生，他们有共同的学号、姓名、性别、出生日期等属性，但是每个实体在这些属性上的取值不同。所有实体在某个属性上的所有可能取值的集合称为这个属性的域，又称"值集"。

值得注意的是，我们在概念模型以及后续的数据模型中所关心的都是实体集而不是实体，也就是说我们关心的不是具体的一个个现实存在的事物，而是一类事物，以及不同类事物间的相互关系。为了简化表达，在不引起误解的前提下，本教材中"实体集"和"实体"的概念不做区分，后文多数情况下提到的"实体"指"实体集"，或者说"一类实体"。

2. 联系和联系集

联系是多个实体间的相互关联，联系集则是同类型联系的集合。和前面的实体与实体集类似，我们所关心的实际上是联系集，因此后文也通常将其简称为"联系"。

多数情况下我们所关注的联系是不同类型实体之间的联系，例如学生和课程之间的联系，可命名为"选修"或"学习"。也存在同类型实体之间的联系，但出现不多。

联系一般被命名为某个动词，这是它直观上和实体的最大区别。依据联系所关联的实体的类别可将其分为二元联系（表达两类实体之间的相互关联）和多元联系（表达三类或更多类实体之间的关联）。前者如"选修"联系，管理了课程和学生两类实体；后者如"排课"联系，关联了"教师""教室""班级"等多类实体。

将二元联系所关联的两类实体集用 A 和 B 代表，则 A、B 在数量上经常有如下三种对应关系（称为"映射基数"）。

（1）一对一（记为 1:1）。A 中的一个实体（最多）只与 B 中的一个实体相联系，B 中的一个实体也（最多）只与 A 中的一个实体相联系。例如公司和总经理、学校和校长。

（2）一对多（记为 1:n）。A 中的一个实体可以同 B 中的多个实体相联系，但 B 中的一个实体最多同 A 中的一个实体相联系。例如班级和学生、家庭和成员、学生与班长，这

里的 n 指大于 1 的自然数。

（3）多对多（记为 $n:m$）。A 中的一个实体可以同 B 中的多个实体相联系，且 B 中的一个实体可以同 A 中的多个实体相联系。例如，学生和课程（一个学生可以修读多门课程，一门课程可以被多个学生修读）、工人和零件、读者和图书，这里的"m"指大于 1 且与 n 无关的自然数；

在后续数据模型的实现过程中，联系的不同映射基数将对应不同的处理方式。

3. 属性和码

属性是实体和联系所具有的描述性性质。实体的属性很容易理解，例如，学生有"学号""姓名"等属性，但联系的属性就不太好理解。

事实上"联系"也是需要描述的，也有属性。例如学生和课程之间的联系"学习"，描述学习的好坏毫无疑问是"成绩"这一属性。仔细思考，我们会发现"成绩"作为一个属性，既不适合归类为学生的属性（当你想知道"某学生的成绩"时，你肯定指的是他某门课程的成绩），也不适合归类为课程的属性（当你想知道"某门课程的成绩"时，你肯定指的是该门课程的某个学生的成绩），因为查询成绩必须明确它所对应的两类实体，因此它只能是关联了"学生"和"课程"两个实体的联系——"学习"的属性。

实体的众多属性中，存在着这样的属性（或属性组合）：它的取值能够唯一标识实体集中每个实体，我们把这样的属性或属性组合称为"码"或"键"（两者对应的英文皆为"key"）。简单来说，码就是不存在重复取值的属性，所以我们才能凭借它的取值来将每个个体与实体集中其他个体区分开来。当凭借一个属性不足以唯一标识每个实体时，我们使用属性组合作为码。

一个实体集的属性中，很可能存在多个可以作为码的属性，例如对于"学生"实体，"身份证号"和"学号"都可以作为码，我们将其统称为候选码。从这些码中最终选用一个作为真正的实体区分标志，这个被选用的码称为主码或主键（primary key）。从候选码中确定主码，需要根据实际需要和具体情境。例如对于"学生"实体，如果是在学校信息管理系统中使用，那么可能以"学号"为主码要优于以"身份证号"为主码。

另外，不是每个联系都包含属性。联系可以没有任何属性，也不需要确定主码。

另外一个相关的概念是外码。外码是对本实体（或联系）而言外来的码，一般来说就是另一实体的主码；构建数据模型时出于精简规模的需要，在实体（或联系）转化为表时作为新增属性加入，因此称为外码。需要注意的是，在概念模型中不允许实体或联系增加其他实体属性，外码的概念只见于数据模型（后面会学到）。

2.2.2　ER 图

将概念模型用图表达出来，称为实体－联系模型（entity-relation 模型），又称为 E-R 图或 ER 图。

顾名思义，ER 图提供了表示实体集、实体集间联系以及它们的属性的方法，它所包含的图形元素有四类[①]。

---

① 较正式的 ER 图还包含了双椭圆、虚椭圆、双线、双矩形等更复杂的图形符号，用于表达某些细分概念。为便于入门，此处省略。

- 矩形：代表实体；
- 菱形：代表联系；
- 椭圆：代表属性；
- 连接线：将实体与联系连接，将实体/联系与属性连接。

ER 图的设计并无一定之规，下面以一个简单的 ER 图设计为例。

例 2.1 为某仓库管理构造 ER 模型，该仓库主要管理零件的入库、出库和采购等，仓库根据需要向外部厂家订购零件，而许多工程项目需要仓库供应零件。

具体步骤包括：

（1）确定实体类型。

虽然仓库是首先进入我们视线的概念，但不需要建立"仓库"这个实体，因为它其实是我们构造模型的环境。在这个环境中需要关注的"实体"有工程项目、零件、厂家。为使概念更清晰，厂家实体以"供应商"命名。

（2）确定联系类型。

考察实体之间的相互作用和实体相互作用时的数量比例，则工程和零件之间是 $n:m$ 联系（一种零件被多个工程选用，一个工程选用多种零件，故为多对多联系），定义为"选用"；零件和供应商之间是 $n:m$ 联系（一种零件被多个供应商供应，一个供应商供应多种零件，故为多对多联系），定义为"供应"。

（3）把实体类型和联系类型组合成 ER 图，即用连接线连起来。

（4）确定实体和联系各自的属性（根据需求分析进行设计）。

对于联系"选用"，我们需要知道选用数量，因此"选用数量"是"选用"的属性；对于联系"供应"，我们需要知道供应商能够供应的量是多大，因此"可供数量"是"供应"的属性。

（5）确定实体类型的主码，在属于主码的属性名下画一横线。

分别以"零件编号""项目编号""供应商编号"为三个实体的主码。

最后得到仓库管理 ER 图（图 2.2）。

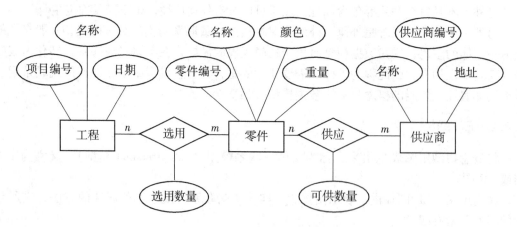

图 2.2　仓库管理 ER 图

对于初学者而言，主码的确定又和实体属性的创建有关，确定合适的主码是一个不太容易掌握的问题。主码确定的本质要求：可以通过主码的取值来区分不同的实体。

以图 2.3 所示实体为例，由于每个学生的学号都是唯一的，因此可以将学号作为"学生"的主码。但是如果"学生"实体被设计成如图 2.4 所示，则不能以"学号"为主码，因为可能存在两个学号相同的"学生"实体①。例如学号"1001"在图中就出现了两次，单靠一个学号无法确定唯一的一行（一个学生）。也就是说，如果一个学生修了两门课程，用学号区分两行则无法做到。

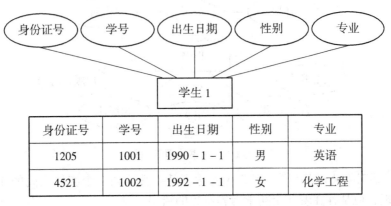

身份证号	学号	出生日期	性别	专业
1205	1001	1990 – 1 – 1	男	英语
4521	1002	1992 – 1 – 1	女	化学工程

图 2.3　学生 1 实体图及其实例

为了能够借助属性唯一确定一行，对于学生 2 实体，必须以"学号 + 课程名"的组合作为主码，因为唯有这两个属性的组合取值可以唯一确定一行。

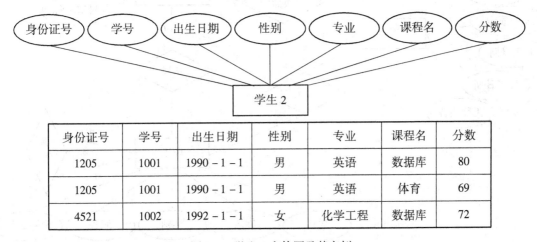

身份证号	学号	出生日期	性别	专业	课程名	分数
1205	1001	1990 – 1 – 1	男	英语	数据库	80
1205	1001	1990 – 1 – 1	男	英语	体育	69
4521	1002	1992 – 1 – 1	女	化学工程	数据库	72

图 2.4　学生 2 实体图及其实例

例 2.2　设计图书管理 ER 图。图 2.5 展示了读者实体与图书实体的联系，及各自的属性。联系"借阅"可以这样理解：一个读者可以借阅多本图书，一本图书可以被多个读者借阅（在不同时段）。

---

① 出现这种现象的原因是实体的属性设计有问题，学生所学的课程和成绩不适合作为"学生"的属性而存在。不过在这里我们先不考虑属性设计是否合适，单纯考虑主码如何确定。

图 2.5　图书管理 ER 图

例 2.3　某工程公司 ER 图。图 2.6 表达了某工程公司三个实体之间的相互联系，看起来比较合理，但是存在着几个初学者容易犯的错误。

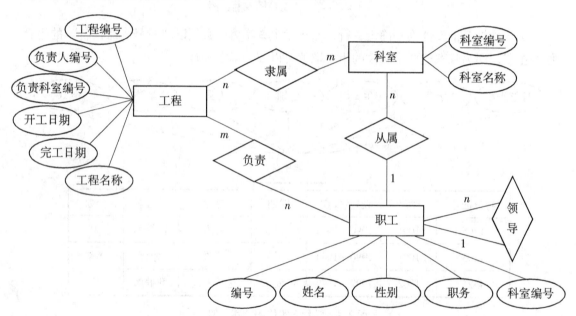

图 2.6　错误示例：某工程公司 ER 图

（1）实体的属性设置有误。工程实体中包含了实际属于职工和科室的属性"负责人编号""负责科室编号"；职工实体中包含了实际属于科室的属性"科室编号"。一般来说，不允许同一个属性在图中出现两次。

可能有的同学会说，在工程实体中包含"负责人编号"是为了说明这个工程的负责人是谁，为什么不可以有这个属性呢？事实上一个工程的负责人是谁已经通过联系"负责"表达出来了，增加这一个属性是画蛇添足。同样，工程中的"负责科室编号"也因为存在工程和科室之间的联系"隶属"而变得多余，职工中的"科室编号"因为职工和科室之间的"从属"联系变得多余，都应该删去。出现这些错误的原因是数据库设计的后续步骤被提前："数据模型设计"中的步骤不恰当地提前到本步（概念模型设计）中来了，当学习到下一步时我们可以更深刻地理解这一错误。

（2）联系对应的数量关系（映射基数）不合理。就联系"负责"而言，由图2.6可见，一个职工负责多个工程，一个工程又由多个职工负责，这样的负责关系是比较反常的，联系"隶属"也有这样的问题。当然这个问题只能说ER图和我们通常情况下的"常识"不符，如果实际情况就是这样，那就不算错误。因此还需要参考项目的需求分析文档。

如果说"负责"和"隶属"两个联系还有可能是特殊的真实情况使然，那么联系"从属"的数量关系就显然无法自圆其说了。从图2.6可见，一个职工从属于多个科室，一个科室被一个职工从属，明显不合理，显然是把数量关系写颠倒了。这种颠倒也是初学者易犯的错误，要避免也很容易：只要保证"n"总出现在数量多的实体一方，"1"总出现在数量少的一方即可。

（3）所有实体和联系构成了一条闭环。并不是说闭环就一定不对，但如果出现闭环，我们就要考虑是否存在着多余的、不必要的联系。从图2.6看，工程的责任者到底是某个或某些人，还是某个科室？一般来说两者只能二选一，因此可以去掉一个联系。换一个角度来看，闭环使得任意两个实体之间可通过两条路径形成联系，从数据管理的角度而言易产生歧义，因此只要能够打破闭环就最好打破，去除一个多余的联系，除非需求分析中明确要求了这种闭环。

基于上述分析对ER图进行修改，改正后的结果见图2.7。

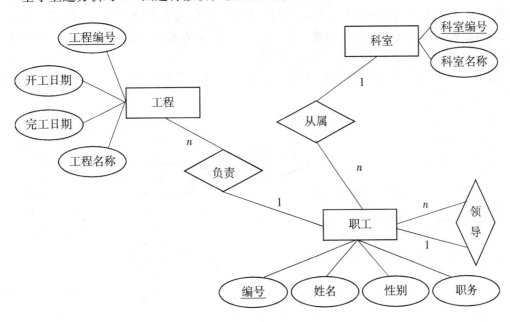

图2.7　改正后的某工程公司ER图

前述三个错误中，错误1是初学者最容易犯，也最难改正的错误。出现此类错误的原因在于：在数据库的创建过程中企图省略概念模型的建立过程，认为概念模型就是数据模型，就是数据库中的表。但事实上ER图中的实体和数据库中的表不能完全等同，有时甚至有重大差异；而且在数据库的设计过程中，建立概念模型是非常重要、不可或缺的一环，不能省略！

总而言之，在建立概念模型的过程中应尽量保持实体在概念上的"纯粹"，将实体之间发生的一切用"联系"来表达。在建立数据模型的时候再考虑"表"的创建，表是实体和联系的综合。

下面对图 2.7 做进一步的说明：

（1）图中存在一个特殊的联系"领导"，它看起来只和一个实体"职工"相关，其实它反映的是职工实体集内部有领导和被领导的联系，即某职工为部门领导，领导若干职工，而一名职工仅被另外一名职工（如经理）直接领导。图 2.8 演示了这一联系的形成思路。

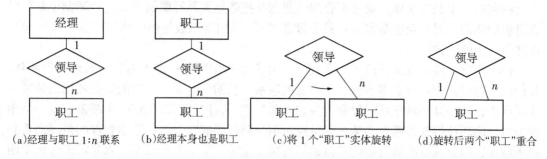

(a)经理与职工 1:*n* 联系　(b)经理本身也是职工　(c)将 1 个"职工"实体旋转　(d)旋转后两个"职工"重合

图 2.8　联系"领导"的演化

（2）每个实体都有一个"编号"属性，而且以之为主码，这种情况有时是为了设计实体方便，不一定和现实情况相符，因为在现实情况中我们很少会给科室一个编号。但是这种做法可以较方便地实现对科室数据的管理，因此给实体增加"编号"属性（尽管现实世界中不一定存在）成为通用的、可接受的做法。

例 2.4　某位同学完成的学校教学管理 ER 图（图 2.9），试指出其中有哪些不妥之处。

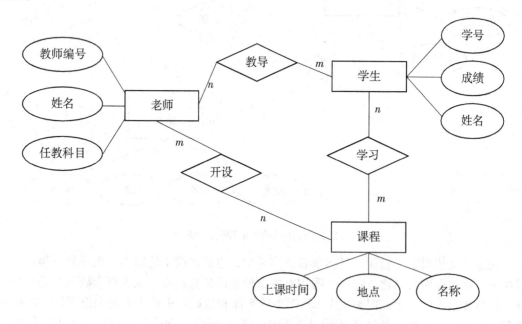

图 2.9　包含错误的学校教学管理 ER 图

解答：

（1）"老师"的属性"任教科目"明显指的就是"课程"，而老师与课程的联系图中对此已有表述，故应删去此属性。

（2）各实体与联系构成了环形，应检查是否可以去除某一冗余联系。事实上老师与学生的关系是通过课程发生的，因此如无必要可删除联系"教导"（最终是否删除，须以需求分析报告为依据）。

（3）属性"成绩"明显不应该归属实体"学生"，因为成绩还和课程相关，"成绩"应改成"学习"的属性。

（4）"上课时间"和"地点"明显不应该属于"课程"，一门课程的上课时间和地点很可能有多个。这两个属性应归属联系"开设"更合适。

（5）未标示各实体的主码。

2.3　数据模型及其设计

数据模型是对客观事物及联系的数据描述，是概念模型的数据化，它提供了表示和组织数据的方法。数据模型一般包含三部分：

（1）数据结构：相互之间存在一种或多种特定关系的对象元素的集合。

（2）数据操作：数据库中各对象的实例允许执行的操作的集合。

（3）数据完整性约束：一组完整性规则的集合。

2.3.1　几种数据模型

目前我们所知的数据模型有层次模型、网状模型、关系模型、面向对象模型，其中关系模型是目前最主流的数据模型。

层次模型和网状模型是历史上曾经出现过的数据模型。

鉴于层次模型和网状模型的局限性，这两只数据模型目前已被淘汰。面向对象的数据模型是目前还在探索中的模型，真正获得广泛认可的主流数据模型是关系模型。

1．层次模型

层次模型是用树型结构（例如有序树或森林）来表示实体以及实体之间联系的数据模型，它满足以下两个层次联系：

（1）有且仅有一个结点没有双亲结点，这个结点称为根结点。

（2）除根结点之外的其他结点有且只有一个双亲结点。

层次模型的优点：①层次模型本身结构简单，结构清晰；②对于包含大量数据的数据库来说，预先定义好的应用系统采用层次模型来实现，其效率很高；③层次数据模型提供了良好的完整性支持。

层次模型的缺点：①由于现实世界非常复杂，层次模型表达能力有限，不能表示多对多的联系；②数据冗余度增加，查询不灵活，如查询子女结点必须通过双亲结点；③对插入和删除操作的限制比较多；④编写应用程序比较复杂，程序员必须熟悉数据库的逻辑结构，开发效率较低。

2. 网状模型

网状模型是用网状结构来表示实体以及实体之间联系的模型。数据库的数据模型如果满足以下两个网状联系，就称为网状模型。

（1）有一个以上的结点没有父结点。

（2）结点可以有多于一个的父结点。

网状模型的优点：①能够更为直接地描述现实世界，能够表示实体之间的多种复杂联系；②具有良好的性能，存取效率较高。

网状模型的缺点：①网状模型结构比较复杂，不利于数据库的扩充；②操作复杂，不利于用户掌握；③编写应用程序比较复杂，程序员必须熟悉数据库的逻辑结构，开发效率较低。

3. 关系模型

关系模型是数据模型的一种，是用关系表示事物及其相互联系的模型，它是数据模型中最重要的模型。

关系模型把世界看作是由实体和联系构成的。在关系模型中，实体通常以表的形式来表现，表的每一行描述实体的一个实例，表的每一列描述实体的一个特征（属性）。所谓联系就是指实体之间的关系，即实体之间的对应关系。（概念模型中的）联系同样也需要通过（关系模型中的）关系来表达。具体来说，通过表间的属性引用（主码、外码）来体现联系。

关系模型中主要涉及的概念：

（1）关系：一张二维表，记录实体的属性。

（2）元组：表中的一行，对应一个实体。

（3）属性：表中的一列（严格来说是该列所对应的概念），对应实体的一个特征。

（4）主码：表中某个属性或一组属性，它们的值可唯一确定一个元组。

（5）域：各属性的取值范围。

（6）分量：元组中的一个属性值称为该元组的一个分量。

（7）关系模式：关系的型，也就是关系包含了哪些属性（对应表头）。

关系模型的优点：①使用表的概念来表示实体之间的联系，简单直观；②关系型数据库都使用结构化查询语句，存取路径对用户是透明①的，从而提供了数据的独立性，简化了程序员的工作；③关系模型是建立在严格的数学概念的基础上的，具有坚实的理论基础。

关系模型的缺点：关系模型的联结等查询操作开销较大，需要较高性能计算机的支持，所以必须提供查询优化功能。因此大型数据库所需的服务器需要较高的性能。

关系模型是当前几乎所有数据库系统使用的数据模型，因此概念模型到数据模型的转化也就是将 ER 图转化为关系模型（这一部分内容将在"数据库设计"这一章学习）。

---

① 这里的透明可以理解为用户无需存取路径，只需以某种方式向数据库提出要查询什么内容，即可获得该数据。这种情况下用户看不到，也不需要知道存取路径。

2.4　概念模型与数据模型的思考

（1）简要说明概念模型、数据模型、关系模型之间有什么关系？

提示：

①概念模型是现实世界在信息世界的投影，是对现实世界的抽象和概括；

②数据模型是概念模型在计算机世界中的表现形式（投影），是对（概念模型所代表的）客观事物及联系的数据描述，是概念模型的数据化；

③每一个具体的数据库都是由一个相应的数据模型来定义；

④关系模型是数据模型的一种，是目前最流行的数据模型。

（2）（关系模型中的）关系是什么？

简单来说，关系就是一张二维表。

（3）一个关系对应现实世界的一个实体吗？

提示：

①一个关系可以对应现实世界的一类实体（具有共同特征的实体的集合）；

②一个关系也可以对应实体之间的一类联系。

也就是说，关系不但可以表达实体的型，还可以表达实体型之间的联系。

【习题】

1. 三种世界的模型转换其实不只存在于数据库的设计过程中，试举几例。

2. 试设计一个排课系统 ER 图：需要确定时间、地点（也就是教室）、上课的教师、学生，以及具体哪门课程。你觉得需要引入哪些实体？需要引入几个"联系"？

3. 某城中村用数据库管理租户情况，每个房东拥有多套住房，每套住房被多个房东拥有；每个房客只能租住一套房，每套房可以住多个房客。请自行设计这三个实体的属性（每个实体不少于两个即可），建立数据库对应的 ER 图。

要求：必须包含上述实体（房东、房、房客）及其对应的联系，必须标出实体在数量上的对应关系，必须标出主码（用下划线标出即可）。

4. 某装修公司利用数据库记录房屋、装修设计师、户主的信息，一个设计师可设计多个套间，一个套间可被多个设计师设计；一个户主可购买多个套间，一个套间只属于一个户主。请自行设计这三个实体的属性（不少于两个即可），建立数据库对应的 ER 图。

第3章 关系数据库基本理论

3.1 关系数据库概述

关系数据库是目前应用最广泛的数据库，它以关系数据模型来组织数据，以关系代数为基础处理数据库中的数据。

目前的数据库市场上有许多性能良好的关系数据库管理系统（RDBMS），如ORACLE、SQL Server 等。

关系数据库是支持关系模型的数据库系统，应用数学的方法来处理数据库中的数据。关系模型由三部分组成：

- 关系数据结构：表；
- 关系操作：集合操作和关系运算；
- 关系完整性约束。

关系模型具有如下特点：

（1）数据结构单一或模型概念单一化。

①实体和实体之间的联系用关系表示；

②关系的定义也是关系（元关系）；

③关系的运算对象和运算结果还是关系。

（2）采用集合运算。

①关系是元组的集合，所以对关系的运算就是集合运算；

②运算对象和结果都是集合，可采用数学上的集合运算法则。

（3）数据完全独立。

只需告诉系统"做什么"，不需要给出"怎么做"；程序和数据各自独立。

（4）数学理论支持。

以集合论、数理逻辑为依据对数据进行严格定义、运算和规范化。

3.2 关系的基本定义及术语

关系是满足一定条件的二维表，也是 ER 图中实体和联系的转化结果。在关系模型中，无论概念世界中的实体还是实体之间的联系均由关系（表）来表示。关系的一些基本术语如下：

（1）关系：每个二维表称为一个关系。

例如：学生表（表3.1）。

表 3.1　学生表

学号	姓名	性别	出生年月	专业
2005216001	赵成刚	男	1986 年 5 月	计算机应用
2005216002	李敬	女	1986 年 1 月	软件技术
2005216003	郭洪亮	男	1986 年 4 月	电子商务
2005216004	吕珊珊	女	1987 年 1 月	计算机网络
2005216005	高全英	女	1987 年 7 月	电子商务
2005216006	郝莎	女	1985 年 8 月	电子商务
2005216007	张峰	男	1986 年 9 月	软件技术
2005216111	吴秋娟	女	1986 年 8 月	电子商务

（2）关系名：二维表的名字。

例如：学生表（表 3.1）。

（3）关系型：表的所有列标题，描述实体或联系的型。

例如：学号、姓名、性别、出生年月、专业。

（4）关系值：表的列对应的数据，描述实体或联系的值。

例如：

2005216003，郭洪亮，男，1986 年 4 月，电子商务；

2005216004，吕珊珊，女，1987 年 1 月，计算机网络。

关系的特点：

（1）对于实体转化过来的关系而言，关系（表）的每一元组（行）定义实体集的一个实体[①]，每一列定义实体的一个属性。

（2）每一列表示一个属性，且列名不能重复。

（3）关系必须有一个主码，唯一标识一个元组。

（4）列有取值范围，称为域。列的每个值必须与对应属性的类型相同。

（5）列是不可分割的最小数据项。

（6）行、列的顺序对用户无关紧要。

3.3　关系运算

关系运算，或者说关系代数，包括一个运算的集合，这些运算以一个或两个关系为输入，产生一个新的关系作为结果。关系运算可以粗略分为两类：一类是传统的集合运算，另一类是专门的关系运算。

---

① 为了便于理解，我们经常把元组（表中的一行）和一个实体对应起来，这种对应是不完整的。对于表 3.1 而言，一个元组确实对应一个实体。但不是所有元组都可对应实体，例如选课表（表 1.2），它的一个元组记录了一条选课信息（某学生选了某门课），不宜称为"一个实体"，但可以称为一个"联系实例"。

3.3.1 关系的集合运算

关系是元组的集合。这里所说的"元组"对应现实世界的某个实体（或实体间的一个联系），在关系中表现为一行数据。可以对关系进行通用的集合运算，但前提条件是：两个进行集合运算的关系必须拥有完全相同的属性集，即属性的个数相同，且对应属性的域完全相同。关系的集合运算包括并、交、差和笛卡尔积四类。下面以两个关系：R 和 S 来示例关系的集合运算。R 和 S 的内容见表 3.2 和表 3.3。

表 3.2　关系 R（喜欢跳舞的学生）

姓名	性别
李敬	女
高全英	女
吴秋娟	女
穆金华	男
张欣欣	女
王婷	女

表 3.3　关系 S（喜欢唱歌的学生）

姓名	性别
赵成刚	男
张峰	男
吴秋娟	女
穆金华	男
孙政先	男
王婷	女
吕文昆	男
孙炜	女

（1）并（union）：两关系的并等于两关系元组的合并，但去除重复的元组（所有属性值都相同的元组）。以集合运算公式表达为：

$$R \cup S = \{t \mid t \in R \vee t \in S\}$$

语义：t 元组属于 R 或者属于 S。

$R \cup S$ 表示喜欢跳舞或唱歌的学生，如表 3.4 所示。

注意：表中去除了重复的元组。事实上，任何关系都不允许重复元组存在。

（2）交（intersection）：两关系共有的元素集合。

$$R \cap S = \{t \mid t \in R \wedge t \in S\}$$

语义：t 元组属于 R 并且属于 S。

$R \cap S$ 表示既喜欢跳舞也喜欢唱歌的学生，如表 3.5 所示。

（3）差（difference）：只属于第一个关系且不属于第二个关系的元组的集合。

$$R - S = \{t \mid t \in R \wedge t \notin S\}$$

语义：t 元组属于 R，但不属于 S。

$R - S$ 表示喜欢跳舞但是不喜欢唱歌的学生，如表 3.6 所示。

表 3.4　R∪S

姓名	性别
李敬	女
高全英	女
吴秋娟	女
穆金华	男
张欣欣	女
王婷	女
赵成刚	男
张峰	男
孙政先	男
吕文昆	男
孙炜	女

表3.5 $R \cap S$			表3.6 $R - S$	

姓名	性别
吴秋娟	女
穆金华	男
王婷	女

姓名	性别
李敬	女
高全英	女
张欣欣	女

（4）笛卡尔积（cartesian product）：两关系的笛卡尔积仍是一个关系，该关系的结构是 R 和 S 结构之连接。设 R 有 n 个属性、k_1 个元组，S 有 m 个属性、k_2 个元组，则两者的笛卡尔积所得关系有 $n+m$ 个属性，前 n 个属性来自 R，后 m 个属性来自 S，该关系的值是由 R 中的每个元组连接 S 中的每个元组所构成元组的集合，故元组个数等于 $k_1 \times k_2$。

$$R \times S = \{t_R t_S \mid t_R \in R \wedge t_S \in S\}$$

笛卡尔积并没有具体的意义，它只是进行关系运算的时候用来充当"全集"。

3.3.2 专门的关系运算

选择、投影、连接是三种最基本的关系运算。有的教材将"更名"也列为一种关系运算。

（1）选择（selection）：从关系中找出满足条件的那些元组。选择以 σ 表示。

$$\sigma_{F(t)}(R) = \{t \mid t \in R \wedge F(t) = \text{true}\}$$

语义：t 为属于关系 R 且满足条件 $F(t)$ 的元组的集合。可以简单理解为：对关系 R 按行进行挑选，挑选的条件是"满足 $F(t)$"。

例 3.1 对表 3.1 进行选择运算，选择性别为：男生的元组。则条件可表达为：性别 = '男'，选择的结果见表 3.7。

表 3.7 $\sigma_{\text{性别} = '男'}(R)$

学号	姓名	性别	出生年月	专业
2005216001	赵成刚	男	1986 年 5 月	计算机应用
2005216003	郭洪亮	男	1986 年 4 月	电子商务
2005216007	张峰	男	1986 年 9 月	软件技术

（2）投影（projection）：关系 R 中按所需顺序选取若干个属性构成新关系。

$$\prod_A(R) = \{t \in A \mid t \in R\}$$

语义：对关系 R 按列进行挑选，选取其中属于属性集合 A 的若干列。

例 3.2 对表 3.1 进行投影运算，列出学生姓名和性别。投影的结果见表 3.8。

（3）连接（join）：两个关系 R 和 S 按相应属性值相等为条件连接起来，生成一个新关系，也称为等值连接[①]。

表 3.8 $\prod_{\text{姓名,性别}}(R)$

姓名	性别
赵成刚	男
李敬	女
郭洪亮	男
吕珊珊	女
高全英	女
郝莎	女
张峰	男
吴秋娟	女

---

① 完整的"连接"定义还包含了"相等"之外的其他连接条件，此处简化为唯一的连接条件"属性相等"。

$$R \underset{A=B}{\bowtie} S = \sigma_{R.A=S.B}(R \times S)$$

语义：关系 R 和 S 按相应属性值相等（$R.A = S.B$）为条件连接起来，生成一个新关系。A 和 B 可以是单个属性，也可以是多个属性的组合。

例 3.3 已知学生关系 S（表 3.9）和选课关系 SC（表 3.10），求 $S \underset{姓名=姓名}{\bowtie} SC$。

等值连接的结果见表 3.11。

表 3.9　学生关系 S

学号	姓名
2005216111	吴秋娟
2005216112	穆金华
2005216115	张欣欣

表 3.10　选课关系 SC

学号	课程号
2005216111	16020010
2005216111	16020013
2005216112	16020014
2005216112	16020010
2005216115	16020011
2005216115	16020014

表 3.11　等值连接结果

学号	姓名	学号	课程号
2005216111	吴秋娟	2005216111	16020010
2005216111	吴秋娟	2005216111	16020013
2005216112	穆金华	2005216112	16020014
2005216112	穆金华	2005216112	16020010
2005216115	张欣欣	2005216115	16020011
2005216115	张欣欣	2005216115	16020014

自然连接（natural join）：等值连接的一种，其连接条件为"两关系的同名属性值相等"；该条件是自然连接的默认连接条件，故表达时省略。另外自然连接的结果中将去除同名属性，也就是说将等值连接的结果中完全相同的两列去除一列。

例 3.4 已知学生关系 S（表 3.9）、选课关系 SC（表 3.10）和课程关系 C（表 3.12），求三关系的自然连接 $S \bowtie SC \bowtie C$。

表 3.12　课程关系 C

课程号	课程名
16020010	C 语言程序设计
16020011	图像处理
16020012	网页设计
16020013	数据结构
16020014	数据库原理与应用
16020015	专业英语
16020016	软件文档的编写
16020017	美工基础
16020018	面向对象程序设计

表 3.13　三关系自然连接结果

学号	姓名	课程号	课程名
2005216111	吴秋娟	16020010	C 语言程序设计
2005216111	吴秋娟	16020013	数据结构
2005216112	穆金华	16020014	数据库原理与应用
2005216112	穆金华	16020010	C 语言程序设计
2005216115	张欣欣	16020011	图像处理
2005216115	张欣欣	16020014	数据库原理与应用

三个关系的自然连接可以理解为前两个关系自然连接的结果（也是一个关系，相当于前例的所得关系去除重复列），再与第三个关系自然连接。结果见表 3.13。

3.3.3　关系运算嵌套及逻辑表达

前面列举的几种关系运算只有嵌套使用才能真正满足日程的数据库查询需求。前两节关系运算的结果我们用表格来展示只是为了便于初学者理解，真正合理的表达还是使用逻辑表达式，因为多数情况下我们并不知道各表的实际数据。

例 3.5　某工程公司数据库，包括四个关系模式：

- 职工（职工编号，姓名，性别，出生日期，部门编号）；
- 部门（部门编号，部门名称）；
- 工程（工程编号，工程名称，客户编号，负责职工编号）；
- 客户（客户编号，客户名称，客户地址）。

使用关系运算求出以下结果：

（1）查询所有女职工的信息；

（2）查询在 1990 年后出生的职工姓名；

（3）查询客户"美达公司"的工程信息；

（4）查询部门"项目三组"全部职工负责的工程信息。

解：（1）由题意，显然是对职工表的信息按行进行筛选，筛选的条件是性别为"女"。故关系表达式为

$$\sigma_{\text{性别}='女'}\text{职工}$$

（2）很明显是对职工表的信息以年份为条件进行筛选，而且筛选出所需行后只取"姓名"列，其他列丢弃，因此又要进行投影操作。得表达式

$$\prod_{\text{姓名}}(\sigma_{\text{出生日期}>'1990-1-1'}\text{职工})$$

（3）已知条件是客户名称"美达公司"，这是客户表的内容，而所求是工程信息，明显是工程表的内容，因此需要将客户表和工程表根据某种条件连起来。观察两个表会发现都有"客户编号"，说明可以通过该属性查询客户委托的工程，得出连接条件为"两表的客户编号相等"。另外两表连接之后的结果中既有客户信息，又有工程信息，但题目要求的只是工程信息，因此还需要对工程表的所有列进行投影（以去除查询结果中客户相关的信息）。得表达式

$$\prod_{\substack{\text{工程编号,工程名称}\\\text{负责职工编号,客户编号}}}(\sigma_{\text{客户名称}='美达公司'}\text{职工}\bowtie\text{工程})$$

注意：连接符号未附带连接条件，故为自然连接。

（4）下述三个答案皆为正确答案：

$$\prod_{\substack{\text{工程编号,工程名称}\\\text{负责职工编号,客户编号}}}\left(\sigma_{\text{部门名称}='项目三组'}\left(\text{部门}\bowtie\text{职工}\underset{\substack{\text{工程.负责职工编号}\\=\text{职工.职工编号}}}{\bowtie}\text{工程}\right)\right)$$

$$\prod_{\substack{\text{工程编号,工程名称}\\\text{负责职工编号,客户编号}}}\left(\sigma_{\text{部门名称}='项目三组'}\left(\text{部门}\bowtie\text{职工}\right)\underset{\substack{\text{工程.负责职工编号}\\=\text{职工.职工编号}}}{\bowtie}\text{工程}\right)$$

$$\prod_{\substack{\text{工程编号,工程名称}\\\text{负责职工编号,客户编号}}}\left(\sigma_{\text{部门名称}='\text{项目三组}'}\left(\text{部门}\right)\bowtie\text{职工}\bowtie_{\substack{\text{工程.负责职工编号}\\=\text{职工.职工编号}}}\text{工程}\right)$$

这三个答案在连接和选择的先后顺序上有所差别，但都能得到想要的结果。

例 3.6 关系运算的逻辑陷阱。

已知三个关系：

- 学生（学号，姓名，性别，年龄，所在系）；
- 课程（课程号，课程名，先行课）；
- 选课（学号，课程号，成绩）。

求没有选修课程号为"C2"课程的学生学号。

答案：

$$\prod_{\text{学号}}(\text{学生}) - \prod_{\text{学号}}(\sigma_{\text{课程号}='C2'}(\text{选课}))$$

其逻辑简单明了，所有学号减去选修了 C2 课程的学生的学号，即为所求。但是这里有另一个答案，它是初学者容易得出的错误答案：

$$\prod_{\text{学号}}(\sigma_{\text{课程号}\neq'C2'}(\text{选课}))$$

分析：乍一看关系表达式并无错误，不妨看一个具体的实例。如表 3.14 所示，如果依据上述关系表达式进行选择，首先从关系"选课"的三个元组中选择课程号，非"C2"的元组可得第一行，再从中投影出学号为"001"。学号 001 的学生明显选修了课程 C2（见表中第 3 行）。

出现这样的错误的原因在于，学生和课程的比例关系并不

表 3.14　选课表示例

学号	课程
001	C1
002	C2
001	C2

是一对一的，反映到"选课"关系中就是课程号和学号并不是一对一的关系，错误答案未考虑到这一点。另外，如果存在没有选修任何课程的学生，他们当然也是"没有选修课程 C2"的学生，错误答案也把这一部分学生漏掉了。

由此可见，关系的逻辑运算是存在逻辑陷阱的，尤其在关系之间数量关系较复杂时，因此，做出结论之前，必须小心求证，恰当地使用反推和实例进行验证。

3.4　关系的完整性

关系的完整性规则指的是为保证关系的属性之间和不同关系之间不发生矛盾、缺失或违反用户意愿而制定的限制规则。关系数据库中包含三类完整性约束：实体完整性约束，参照完整性约束，户定义的完整性约束。所有完整性由数据库管理系统来保证，破坏完整性的操作不会被接受，但是完整性规则需要由设计者创建。

1. 实体完整性

实体完整性指的实体的属性应该满足某种规则，保证实体是可区分的，不会造成同类实体间的混淆。具体而言就是：每一个表中的主码都不能为空或者重复的值。一个实体通常对应表中的一行，因此主码可以理解为"能够唯一表示数据表中的每行记录的属性或者属性组合"。

2．参照完整性

现实中存在的对象是相互联系的，在关系型数据库中实体间的联系体现在表间的联系上。要将彼此孤立的表联结起来，就要求在表中存在一些列，这些列可以让表间进行关联，称为"参照"。假设有表 A 和表 B，参照的含义是指表 B 中某列的取值完全依赖于表 A 中某列的取值，若在表 A 中它被定义为主键，则在表 B 中称为外键。如学生表 A 中有（学号、姓名、性别、出生日期）字段，其中学号为主键；在成绩表 B 中有（成绩编号、学号、课程号、成绩）字段，则成绩表中的学号字段为外键。外键与主键总是不可分的，主键所在的表称为主表或父表，外键所在的表称为从表或子表。

参照完整性指的是表间有参照关系存在时，这个参照关系是真实有效的。具体而言就是，参照关系（从表）的外码取值不能超出被参照关系（主表）的主码取值范围。

参照完整性是对相关联的两个表间的一种约束，是用于确保表间数据保持一致，避免因一个表（主表）数据的修改，导致另一个表（从表）相关数据失效。它通过对主键和外键在取值上进行检查，要求所有外键的值必须是主键的有效值，即外键的值要么全部来自于主键，要么取空值。

3．用户（域）定义完整性

用户（域）定义完整性指的是用户要求特定属性的取值与其需求一致，也就是满足某种条件或函数要求。例如，建立一个学生表，属性"性别"的取值只能是"男"或"女"。

为了维护数据库中数据的完整性，在对关系数据库执行插入、删除和修改操作时，数据库自身会检查是否满足相应完整性规则。具体分为三种情况：

（1）插入数据时。

①实体完整性规则：检查主码属性上的值是否已经存在。若不存在，可以执行插入操作，否则不能执行插入操作。

②参照完整性规则：向参照关系插入记录时，检查其外码属性上被插入的值是否在对应被参照关系的主码属性值中存在。若存在，可以执行插入操作，否则不能执行插入操作。

③用户定义完整性规则：检查输入数据是否符合用户定义的完整性规则。若符合，可以执行插入操作，否则不能执行插入操作。

（2）删除数据时。

参照完整性规则：删除"被参照关系"中的行时，检查其主码是否被"参照关系"的外码引用，若没被引用就删除，若被引用则可选择下述三种操作的一种执行：

①拒绝删除；

②空值删除（外码改为空值——本操作必须在外码允许空时才能选择）；

③级联删除（将参照关系中的相应行一起删除）。

具体选择哪一种操作需在数据表创建时指定，默认为"无操作"，即参照完整性不起作用①。

（3）修改数据时。

等价于先删除，后插入（以上两种情况的综合）。

3.5 关系的规范化

3.5.1 预备知识：函数依赖及规范化的概念

所谓"函数依赖"是指关系模式中各属性间的依赖情况。对于数学中变量之间的依赖关系，我们经常用函数来表达，例如 $y = f(x)$。这样的函数表明：对 x 的每一个取值，y 都有唯一的值与之对应，换言之 y 依赖于 x，只要 x 的值确定，y 的值必然确定。

在关系中也存在着这种变量间的依赖关系，这里的"变量"指的是关系中的属性，对应表中的列。以 X 和 Y 表示关系的一个或一组属性，如果表中存在这样一种关系：对 X 的每一个（或一组）具体值，Y 都有唯一的一个（一组）值与之对应，则称为 Y "函数依赖于" X，记为：

$$X \rightarrow Y$$

读作：X 决定 Y，或 Y 依赖于 X。函数依赖是一个语义概念，并没有类似于数学函数的绝对意义。

例如对于"学生"关系，其属性"学号"和"姓名"就存在依赖关系，只要学号的值确定了，（凭借查表）一定可以查到一个对应的姓名；反之则不行，因为可能存在同名的学生。因此所谓的"主码"，其实就是被所有其他属性"依赖"的属性（或属性组合）。

从这个例子我们还可以看出"函数依赖"是由关系模式设计者的主观常识决定的，是"语义"范畴的概念，不存在绝对的正确性；如果没有给出非常完备的环境描述，我们对函数依赖的讨论只能建立在"常识"之上，否则就必须给出详细的说明。一般而言这些必要的"环境描述"或"详细说明"是需要在数据库项目设计的需求分析文档中提供的。

关系中各属性的依赖关系必须符合一定的规矩，这个规矩简单来说就是所有非主码的属性都依赖且只依赖于主码，且每个关系所要代表的概念都是单一的、不和其他概念混杂。不规范的关系会导致数据库数据冗余和数据操作上的异常等诸多问题，对关系的规范化就是提高数据的结构化、共享性、一致性和可操作性。

3.5.2 关系范式

范式指的是关系规范化的程度或级别，关系数据库中的每个关系都需要进行规范化检验，确保达到一定的规范化程度，也就是一定的"范式"。范式可分为第一范式（first normal form，简称1NF），第二范式（2NF），BC 范式（BCNF），第三范式（3NF），第四

---

① 如果创建外键表时选择了另一个选项"强制外键约束"，则即使选择了"无操作"，真正删除时依然会执行"拒绝删除"而不是"无操作"。详见本书 7.5.1 节。

范式（4NF）和第五范式（5NF）。规范化程度依次递增。

1. 第一范式（1NF）

第一范式是关系必须满足的最基本要求，是关系合法性的必要条件。

第一范式定义：关系 R 的所有属性不可再分，记为 $R \in 1NF$。

符合第一范式的关系的所有属性都是简单属性，或称"原子属性"。古希腊哲学中设想的原子是小到不可再分的组成物质的基本粒子，因此这里用"原子属性"代表其"不可再分"的特质。

例如表3.15所对应的关系，其属性"电话"需要再分，因此达不到第一范式。那么如何对其规范化？有两种方式，其一是在属性上展开，以原子属性为最终属性，去除复合属性，见表3.16；其二是将其分解为两个关系，同样避免了复合属性的存在，如表3.17对应的两个表。

表3.15　通信录表（错误）

学号	姓名	性别	电话		
			手机	家庭	宿舍
2005216111	吴秋娟	女	13105242389	6127963	6125463
2005216112	穆金华	男	13105543364	6231159	6235159
2005216115	张欣欣	女	13105326757	3890356	5790356
2005216117	孟霞	女	13105242336	7843567	7900453

表3.16　通信录表（错误）解决方式1

学号	姓名	性别	手机	家庭电话	宿舍电话
2005216111	吴秋娟	女	13105242389	6127963	6125463
2005216112	穆金华	男	13105543364	6231159	6235159
2005216115	张欣欣	女	13105326757	3890356	5790356
2005216117	孟霞	女	13105242336	7843567	7900453

表3.17　通信录表（错误）解决方式2

学号	姓名	性别
2005216111	吴秋娟	女
2005216112	穆金华	男
2005216115	张欣欣	女
2005216117	孟霞	女

学号	手机	家庭电话	宿舍电话
2005216111	13105242389	6127963	6125463
2005216112	13105543364	6231159	6235159
2005216115	13105326757	3890356	5790356
2005216117	13105242336	7843567	7900453

2. 第二范式（2NF）

第二范式需要用到前面提到过的"函数依赖"的概念。

第二范式只针对主码包含多个属性的情况。为什么主码有时候需要包含多个属性呢？

管理科学与工程类专业应用型本科系列规划教材

回顾一下前面的定义，主码是这样的属性或属性组合：可以根据其取值在表中唯一确定一行。因此，有些情况下无法根据单个属性的值在表中唯一确定一行，此时就只能用属性的组合作为主码。

例如表 3.18，仔细观察会发现该表不适宜以"学号"为主码，因为表中存在重复的学号，无法凭借学号的取值唯一确定一行。但是如果将学号与课程名组合起来就可以，因此其主码可定为"学号 + 课程名"。

表 3.18　特殊的学生表

姓名	学号	学院名称	课程名	分数
张凡	1001	计算机	计算机网络	90
刘亚洲	1032	计算机	数据库应用	90
王明	1203	中文	英语	85
张凡	1001	计算机	德语	75

此时表中的属性可以分为两部分：主属性，即属于主码的属性（包括"学号""课程名"）；非主属性，即不属于主码的属性（包括"姓名""学院名称""分数"）。考虑表中各非主属性对主码的函数依赖关系，会发现有些属性依赖于主码的一部分，有些属性则依赖于主码的全部。例如"姓名"只依赖于"学号"，也就是说只需通过学号就可以唯一地确定姓名值，而不需要知道课程名；而"分数"则依赖于主码的全部属性，也就是说需要通过学号和课程名两个属性的取值组合起来才能确定分数的取值。我们把前一种情况称为"部分依赖"，也就是非主属性只依赖于主码的一部分属性；后一种情况称为"完全依赖"，也就是非主属性依赖于主码的全部属性。若以箭头表示依赖关系，则属性间的依赖关系可表示为图 3.1 所示。

由图 3.1 可见，存在非主属性"姓名""院系名"部分依赖于主码，因此表 3.18 不符合第二范式。

第二范式的定义：关系 R 中所有非主属性完全依赖于主码，则关系 R 符合第二范式，记为 $R \in 2NF$。

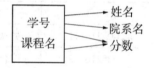

图 3.1　属性依赖关系图示

完全（函数）依赖：非主属性需要整个码（而不是码中部分属性）来唯一确定。

部分（函数）依赖：某个非主属性只依赖于主码中的部分属性，即只需部分主属性即可唯一确定该属性。

如果关系不符合第二范式，则在后续的数据操作中会出现诸如数据冗余、更新异常、插入异常、删除异常等问题。解决的方法是将其拆分为两个关系，使概念单一、完整（无损）。例如，表 3.18 经过拆分后变成两个关系（表 3.19 和表 3.20），各自表达单一的"学生"概念和"选课"概念。

表3.19	拆分后的学生表	
姓名	学号	学院名称
张凡	1001	计算机
刘亚洲	1032	计算机
王明	1203	中文
李丽	1004	外语

表3.20	拆分后的选课表	
学号	课程名	分数
1001	计算机网络	90
1032	数据库应用	90
1203	英语	85
1004	德语	75

3. 第三范式（3NF）

第三范式研究非主属性之间的依赖性。首先明确"传递函数依赖的概念"：设 X 是主码，Y、Z 为属性（或属性组），如果 $X{\to}Y$，$Y{\to}Z$，则称 Z 传递函数依赖于 X。

第三范式定义：关系 R 满足第二范式，且其所有非主属性都不传递依赖于主码，记作 $R{\in}3\mathrm{NF}$。

第三范式关系中的属性既无部分依赖，也无传递依赖。

例如职工工资表（表3.21），其中属性"编号"为主码，因此不存在部分依赖（显然只有主码包含多个属性才可能有部分依赖存在）；其次，对于非主属性"工资"而言，工资可以由"工资级别"确定[①]，"工资级别"又可以由"编号"确定，故存在一个"工资"到"编号"的传递依赖关系。该关系可通过图3.2表示。

表3.21　工资表

姓名	编号	工资	工资级别
Tom	01	5 000	5
Mary	02	4 500	4
Joy	03	7 000	8
Henry	04	7 000	8

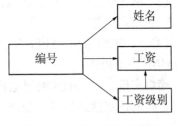

图3.2　工资表的依赖关系

图3.2中显示了一条传递依赖关系链：编号→工资级别→工资，因此该关系存在传递依赖，不满足第三范式。

不满足第三范式的关系同样会带来数据冗余、更新异常、插入异常、删除异常等诸多问题，其解决办法和第二范式类似，即通过拆分使概念单一、完整（无损）。因此表3.21可拆分成表3.22和表3.23，达到第三范式要求。

表3.22　职工表

姓名	编号	工资级别
Tom	01	5
Mary	02	4
Joy	03	8
Henry	04	8

表3.23　工资等级表

工资级别	工资
5	5 000
4	4 500
8	7 000
8	7 000

---

① 这里有一个常识性的设定：工资由工资级别完全决定，不存在其他决定因素。

4．更高的范式及规范化

BC 范式（BCNF）：关系除满足 1NF 外，每一个决定因素都包含有候选键。

决定因素：可决定别的属性的属性（组）。

定理 1：如果一个关系模式是 BCNF，则必然是 3NF；

定理 2：如果关系 R 是 3NF，且有唯一候选键，则 R 必为 BCNF。

更高的第四范式牵涉与函数依赖不同的另一种依赖：多值依赖。形成多值依赖的常见原因是强行将两个 1 对多关系合在一个关系中。解决的方式依然是拆分，以避免 1 对多关系在表中共存。

在第四范式之上还有第五范式（消除了连接依赖的关系满足第五范式），此处不再赘述，有兴趣的读者可参考更深层次的教材。

各范式从第一范式起到最高的第五范式是一种递进的关系，可表示如下：

$$1NF \supset 2NF \supset 3NF \supset BCNF \supset 4NF \supset 5NF$$

关系规范化的过程如下：

（1）取原始的 1NF 关系模式，消去任何非主属性对关键字的部分函数依赖，从而产生一组 2NF 的关系模式。

（2）取 2NF 的关系模式，消去任何非主属性对关键字的传递函数依赖，产生一组 3NF 的关系模式。

（3）取 3NF 的关系模式的投影，消去决定因素不是候选关键字的函数依赖，产生一组 BCNF 的关系模式。

（4）取 BCNF 的关系模式的投影，消去其中不是函数依赖的非平凡的多值依赖，产生一组 4NF 关系模式。

简单来说，关系模式的规范化就是逐步消除数据依赖中不合适的部分，通过模式分解使属性间的依赖达到某种"分离"，实现"一事一地"的模式设计原则。规范化就是概念的单一化！

例 3.7　表 3.24 中关系属于第几范式？试将其规范化。

表 3.24　教师表

编号	姓名	性别	院系编号	学院名称	院系负责人编号
10023	张俊雄	男	2	经管学院	20890
10012	赵汐	女	3	计算机学院	13464
10101	刘德	男	6	化学学院	36435

解：首先，表中所有属性不可再分，因此符合第一范式。

其次，该关系的主码为"编号"。主码为单属性，故不可能存在部分函数依赖，符合第二范式；

最后，考察非主属性间的依赖关系，发现"学院名称"和"院系负责人编号"都依赖于属性"院系编号"，所以存在传递依赖，故不符合第三范式。

修改：将其拆分为表 3.25 和表 3.26。

表 3.25 教师表

编号	姓名	性别	院系编号
10023	张俊雄	男	2
10012	赵汐	女	3
10101	刘德	男	6

表 3.26 院系表

院系编号	学院名称	院系负责人编号
2	经管学院	20890
3	计算机学院	13464
6	化学学院	36435

进一步讨论：考察表 3.25 和表 3.26，它们又各自满足第几范式呢？

对表 3.25 而言显然满足第三范式。至于表 3.26，我们会发现，即使只有三个属性，其中也存在着传递依赖：院系编号→学院名称→院系负责人编号，即"院系负责人编号"传递依赖于主码。

现在的问题是：我们还需要拆分表 3.26 以达到第三范式吗？即使从直觉上看，我们也会觉得此时拆分不是一个好选择；事实也是如此，我们实际应用中一般也是将属性"院系编号""学院名称""院系负责人编号"作为整体考虑，方便查询；这样做确实也会带来一些问题，但是因为院系负责人很少更改，更新造成的麻烦很小，因此依然是利大于弊。

通过上述我们发现，规范化程度并不是越高越好。规范化程度越高，关系模式被分解得越细；对分解了的关系进行一些复杂的查询操作时，就必须进行关系的连接运算，比没有分解之前增加了运算的代价。不分解的话，在原来的单个关系中只需进行单个关系上的选择和投影运算即可，效率大大提高。

因此，对具体的关系确定应规范化到何种程度时，必须深入分析实情和用户需求，确定恰当的模式，而不能把规范化的规则绝对化。一般的规范化要求：

（1）必须满足第一范式。

（2）无特殊需要，必须满足第二范式。

（3）不影响效率前提下满足第三范式。

（4）关系的属性非常多，或主码由多个属性组成的复杂情况下，才需要考虑更高的范式要求。

【习题】

1. 现有一个饭店餐饮管理数据库，包括顾客、菜式、厨师、点菜记录、做菜记录等关系模式：

- 顾客（顾客编号，姓名，桌号，联系电话）；
- 菜式（菜编号，名称，价格，烹饪时间，风格）；
- 厨师（厨师编号，姓名，性别，擅长风格，技术等级，出生日期）；
- 点菜记录（顾客编号，菜编号，下单时刻）；
- 做菜记录（厨师编号，菜编号，成菜时刻）。

上述属性中的"风格"指的是菜系，如粤菜、川菜、湘菜等；"时刻"指的是精确到分的时间，如"2016 年 6 月 12 日 10 点 5 分"。试用关系运算求出：

（1）所有既做粤菜也做湘菜的厨师的编号；

（2）所有做粤菜或湘菜的厨师的编号；

（3）所有只做粤菜，不做其他菜的厨师的编号。

写出相应的关系表达式即可。

2．针对上一题的数据库，试用专门的关系运算求出：

（1）所有女厨师的信息；

（2）所有在 1990 年之前出生的厨师的信息；

（3）所有湘菜的名称及价格；

（4）所有既爱吃粤菜也爱吃湘菜的顾客的信息；

（5）查询顾客"唐小明"点的菜都是由哪些厨师做的。

3．请依据常识对下列几个关系进行分析，判断它们各属于第几范式。如果不规范，将其恰当规范化。

- 学生（学号，姓名，宿舍编号，宿舍名称，班级编号，班级名称）；
- 教师（编号，姓名，网络 ID（QQ 和微信号），电话（手机和座机），职称）；
- 职工（编号，姓名，部门名称，部门编号，部门负责人编号，部门人数）；
- 成绩（学号，语文，数学，家政，羽毛球，排球）。

第4章 数据库设计

4.1 概述

数据库的生命周期可以大致分为两个阶段:

(1)需求分析和设计阶段,包括需求分析、概念结构设计、逻辑结构设计、物理设计。

(2)数据库实现和运行阶段,包括数据库的实现、运行与监督、修改和调整。

设计阶段是决定数据库运行质量的关键阶段,该阶段的多个子阶段中,越靠前的阶段对系统运行质量影响越大。

数据库设计是指对于一个给定的应用环境,构造最优的数据库模式,建立数据库及其应用系统,使之能够有效地存储数据,满足各种用户的应用需求(信息要求和处理要求)。

数据库设计的目标:为用户和各种应用系统提供一个信息基础设施和高效的运行环境。它包括正确反映现实世界、迎合用户需求、较好的数据库数据的存取效率、较高的数据库存储空间的利用率、较高的数据库系统运行管理的效率等。

数据库应用系统设计中的主要困难和问题:企业的数据库应用系统的目标和需求缺少明确的规定;缺乏完善的设计工具、方法和理论;随应用范围的扩大和深入,用户不断要求修改和增加新的功能;应用业务系统千差万别,很难找到一种适合所有应用业务的工具和方法。

对数据库设计人员的要求:计算机科学基础知识和程序设计技术、数据库基本知识和数据库设计技术、软件工程的原理和方法、应用领域的知识。

成功的数据库系统应具备的特点:功能强大、能准确地表示业务数据、容易使用和维护、对最终用户操作的响应时间合理、便于数据库结构的改进、便于数据的检索和修改、较少的数据库维护工作、有效的安全机制能确保数据安全、冗余数据最少和不存在、便于数据的备份和恢复、数据库结构对最终用户透明。

数据库设计的特点有以下三点:

(1)综合性。包含计算机专业知识及业务系统专业知识,要解决技术及非技术两方面的问题。

(2)基本规律。三分技术,七分管理,十二分基础数据(内容和结构)。

(3)动静结合。静态结构设计是指数据库的模式结构设计,包括概念结构、逻辑结构和存储结构;动态行为设计是指应用程序设计,包括功能组织、流程控制等。我们在设计数据库的过程中需要将结构设计和行为设计有机地结合。

4.2　数据库设计方法

粗略而言，数据库的设计方法可分为两类：

一类是手工试凑法，也就是不做任何规范和调查，直接进行创建数据库和数据表的操作，然后在试用和运行的过程中随需要不断修改。这种方法无疑是最低效的，但仍有非常多的数据库设计者采用这样的方法。

手工试凑法的设计质量与设计人员的经验和水平有直接关系，一般来说手工试凑法质量低下，而且缺乏科学理论和工程方法的支持，工程质量难以保证；数据库运行一段时间后常常不同程度地出现各种问题，增加了维护代价。

另一类是规范设计法，基本思想是过程迭代和逐步求精。它将数据库设计分为若干阶段和步骤，按一定的设计规程用工程化方法设计数据库。

规范设计法中比较著名的有新奥尔良（new orleans）方法。它将数据库设计分为四个阶段：需求分析（分析用户要求）、概念设计（信息分析和定义）、逻辑设计（设计实现）和物理设计（物理数据库设计）。其过程见图4.1。

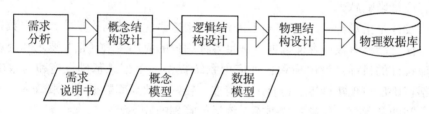

图 4.1　新奥尔良法

从数据库设计的具体技术手段而言，常用的是基于 ER 模型的数据库设计方法（用于关系数据库设计），以及面向对象的数据库设计方法 ODL（object definition language），一般用于面向对象数据库设计。设计大型数据库一般会借助计算机辅助设计工具，它可以帮助设计者拓宽思路，并节省大量的代码实现工作。常用的数据库辅助设计工具有 Oracle 公司的 Design 2000，Sybase 公司的 Power Designer。

4.3　数据库设计的基本步骤

（1）需求分析：综合各个用户的应用需求，阶段结束需要输出需求分析报告。

（2）概念结构设计：形成独立于机器特点，独立于各个 DBMS 产品的概念模式，阶段结束需要输出 ER 图。

（3）逻辑结构设计：首先将 ER 图转换成具体的数据库产品支持的数据模型，如关系模型，形成数据库逻辑模式；然后根据用户处理的要求、安全性的考虑，在基本表的基础上再建立必要的视图（view），形成数据的外模式。最终得到数据模型。

（4）物理设计：根据 DBMS 特点和处理的需要，进行物理存储安排，建立索引，形成数据库内模式。最终得到数据库实例。

（5）数据库实施。

（6）数据库运行和维护。

设计一个完善的数据库应用系统不可能一蹴而就，它往往是上述六个过程的不断反复。

上述六个步骤中，需求分析需要软件工程的知识，不是本课程的重点。概念结构设计的核心内容在第 2 章已完成学习，物理设计将在后续章节讲解，故本章的重点为逻辑结构设计。

4.4　需求分析

需求分析就是对整个系统的功能做全面、详细的调查，确定用户的目标；收集基础数据和对这些数据的要求。可采用的形式有个别交谈、开座谈会、问卷调查、跟班作业、查阅记录等。通过交流，对客户的要求详细了解后，把这些要求写成用户和数据库设计者都能接受的文档：需求分析报告。

需求分析是整个设计过程中最重要、最困难、最耗时的部分，但不是本课程的重点。

4.5　概念结构设计

需求分析得出的用户应用需求是现实世界的具体需求，我们需要将用户需求抽象为信息结构，即概念模型，这一过程就是概念结构设计。

概念结构设计是整个数据库设计的关键，是各种数据模型的共同基础，它比数据模型更独立于机器，更抽象从而更加稳定。

4.5.1　概念结构设计要求

（1）能真实、充分地反映现实世界，包括事物和事物之间的联系，能满足用户对数据的处理要求。

（2）易于理解，从而可以用它和不熟悉计算机的用户交换意见。用户的积极参与是数据库设计成功的关键。

（3）易于更改。当应用环境和应用要求改变时，容易修改和扩充概念模型。

（4）易于向（关系、网状、层次等）各种数据模型转换。

4.5.2　概念结构设计方法

描述概念模型最常用的工具就是 ER 模型，对于较大型的数据库项目，概念结构的设计有四种方法：

（1）自顶向下：首先定义全局概念结构的框架，然后逐步细化。

（2）自底向上：首先定义各局部应用的概念结构，然后将它们集成起来，得到全局概念结构。

（3）逐步扩张：首先定义最重要的核心概念结构，然后向外扩充，以滚雪球的方式逐步生成其他概念结构，直至总体概念结构。

（4）混合策略：将自顶向下和自底向上相结合，用自顶向下策略设计一个全局概念结构的框架，以它为骨架集成由自底向上策略中设计的各局部概念结构。

实际工作中常用的策略：首先自顶向下地进行需求分析，再自底向上地设计概念结构。其中自底向上的概念结构设计步骤如下：

（1）抽象数据并设计局部视图；

（2）集成局部视图，得到全局概念结构；

（3）全局 ER 模式的优化和评审。

4.5.3 实体和属性的区分

对于初学者而言，设计的第一步（局部视图设计）中经常要面对的问题是如何区分实体和属性？

现实世界中一组具有某些共同特性和行为的对象就可以抽象为一个实体。对象和实体之间是"从属"的关系。例如，在学校环境中，可把张三、李四等对象抽象为学生实体。

而属性则是对象类型的组成成分。组成成分与对象类型之间是"部分"的关系。例如，学号、姓名、专业、年级等可以抽象为学生实体的属性。其中学号为标识学生实体的码。

不过，实体与属性是相对而言的。同一事物，在一种应用环境中作为"属性"，在另一种应用环境中就必须作为"实体"。例如，学校中的系，在某种应用环境中，它只是作为"学生"实体的一个属性，表明一个学生属于哪个系；而在另一种环境中，由于需要考虑一个系的系主任、教师人数、学生人数、办公地点等，这时它就需要作为实体了。

区分实体和属性的一般准则：

（1）属性不能再具有需要描述的性质，即属性必须是不可分的数据项，不能再由另一些属性组成。

（2）属性不能与其他实体具有联系，联系只发生在实体之间。

符合上述两条特性的事物一般作为属性对待。

为了简化 ER 图的处置，现实世界中的事物凡能够作为属性对待的，应尽量作为属性。

例 4.1 讨论"学生"和"职称"应该作为实体还是属性？

解："学生"由学号、姓名等属性进一步描述，根据准则（1），"学生"只能作为实体，不能作为属性；职称通常作为教师实体的属性，但在涉及住房分配时，由于分房与职称有关，也就是说职称与住房实体之间有联系，根据准则（2），这时把职称作为实体来处理会更合适些。

完成局部视图即分 ER 图的设计之后，还需要对它们进行合并，集成为一个总 ER 图，也就是整体的概念结构。整体概念结构必须满足下列条件：

（1）内部必须具有一致性，不存在互相矛盾的表达；

（2）能准确地反映原来的每个视图结构，包括属性、实体及实体间的联系；

（3）能满足需要分析阶段所确定的所有要求。

4.6　逻辑结构设计

逻辑结构设计的任务就是把概念结构设计好的基本 ER 图转换为与指定 DBMS 产品所支持的数据模型相符合的逻辑结构。

从理论上讲，设计逻辑结构应该选择最适合相应概念结构的数据模型，然后对支持这种数据模型的各种 DBMS 进行比较，从中选出最合适的 DBMS；但实际情况往往是用户已经指定好了 DBMS，而且现在的 DBMS 一般都是 RDBMS，所以数据库设计人员没有多少选择余地。数据库设计人员只有按照用户指定的 RDBMS，将概念结构设计的 ER 图转换为符合 RDBMS 的关系模型。

逻辑结构设计的主要任务就是将 ER 图中的实体和联系转换为数据模型中的关系（二维表），其中联系的转换最为关键。

4.6.1　实体转换为关系模式

将一个实体（集）转换为一个关系模式，实体的属性就是关系的属性，实体的码就是关系的码。因此实体的转换是非常简单的。

不过需要说明的是，实体转换后获得的关系很可能需要在下一步的操作中增加一些属性，因此很多情况下实体和它所对应的关系是不对等的。

4.6.2　联系转换为关系模式

联系的转换是逻辑结构设计的重点和难点。最重要的两条转换原则是：

（1）每一个联系都可以直接转换为一个关系，其属性包含所联结实体的主码，联系本身具备的属性。该关系的主码一般是各相关实体主码的组合，也可以单独建立主码。

（2）为了减少关系的总个数，对 1:1 和 1:n 联系经常采用将其合并到实体对应的关系中去的方式：1:1 联系可合并到任意端实体的关系中，而 1:n 联系只能合并到多端实体的关系中。

$n:m$ 联系不能合并，只能自身独立转化成一个关系。

例 4.2　一对一联系转换为关系模式的示例。

如图 4.2 所示，需要将其转换为关系模式。

解： 首先将两实体转换为两个关系，照搬实体名称和属性即可，得到两个关系（有下划线的属性为主码）：

- 学校（学校编号，名称）；
- 校长（编号，姓名）。

其次，联系"任职"可以单独转换为关系，其属性包含所连接两实体的主码和联系本身的属性：

- 任职（学校编号，校长编号，任职日期）。

此时"学校编号""校长编号"分别对应两实

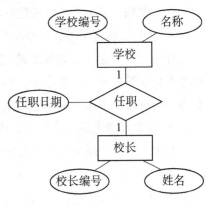

图 4.2　包含一对一联系的 ER 图

体的主码，因此它们对于"任职"而言是"外来的主码"，即外码。"任职"联系以两个外码的组合为主码。

理论上，到这一步关系模式的设计即可结束。不过出于精简数据库结构的目的，还可考虑将"任职"关系合并到其他关系中。作为一对一联系，它可以和任意端实体所转化成的关系合并，具体如何合并完全取决于设计者的思路。此例中可将"任职"关系与"校长"关系合并，具体而言就是简单地将"任职"所拥有的全部属性加入"校长"中，得新的"校长"关系：

- 校长（*编号*，姓名，*学校编号，校长编号，任职日期*）。

其中，后三个属性是新加入的。考察这三个新加入属性发现，"校长编号"和"编号"是完全雷同的属性，因此"校长编号"无存在价值，将其删去后的最终关系：

- 校长（*编号*，姓名，学校编号，任职日期*）。

因此，图 4.2 经转换得到的最终关系模型为：

- 学校（*学校编号*，名称）；
- 校长（*编号*，姓名，学校编号，任职日期*）。

例 4.3 一对多联系转换为关系模式的示例。

如图 4.3 所示，需要将其转换为关系模式。

解：首先将两实体转换为两个关系，照搬实体名称和属性即可（有下划线的属性为主码）：

- 读者（*读者编号*，姓名）；
- 读者类型（*类型编号*，类型名称，限借数量，借阅期限）。

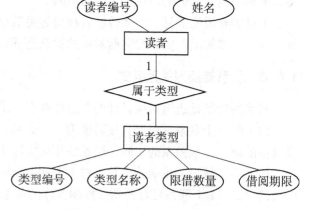

图 4.3 包含一对多联系的 ER 图

其次，联系"属于类型"可以单独转换为关系，其属性包含所连接两实体的主码和联系本身的属性：

- 属于（*读者编号*，*类型编号*）。

理论上，到这一步关系模式的设计即可结束。不过，出于精简数据库结构的目的，还可考虑将联系合并。如要合并，则联系只能与多端实体所对应的关系模式合并，也就是将联系所拥有的全部属性加入多端实体"读者"中，得新的"读者"关系：

- 读者（*读者编号*，姓名，读者编号，类型编号*）。

其中，后两个新加入的属性中，"读者编号"明显和第一个属性雷同，故删去，得新的全部关系：

- 读者（*读者编号*，姓名，类型编号*）；
- 读者类型（*类型编号*，类型名称，限借数量，借阅期限）。

例 4.4 多对多联系转换为关系模式的示例。

如图 4.4 所示，需要将其转换为关系模式。

解：将实体和联系一一转换为关系模式：

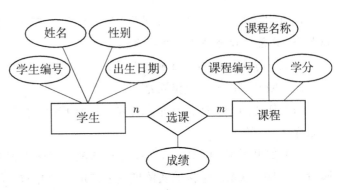

图 4.4 包含多对多联系的 ER 图

- 学生（<u>学生编号</u>，姓名，性别，出生日期，专业）；
- 课程（<u>课程编号</u>，课程名称，学分）；
- 选课（<u>学生编号</u>，<u>课程编号</u>，成绩）。

其中，"选课"作为多对多联系，无法和任意实体合并，无进一步优化的可能。另外，"选课"默认以两个外码的组合作为主码，如果希望减少数据操作复杂性，可以人为增加一个专门的属性"选课编号"作为主码，则"选课"改为：

- 选课（<u>选课编号</u>，学生编号，课程编号，成绩）。

例 4.5 试将图 4.5 所示 ER 图转换为关系模式。要求：使关系模式的个数尽量最少。

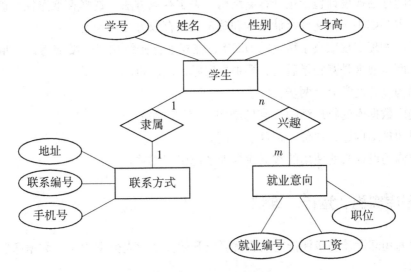

图 4.5 学生管理 ER 图

解："关系模式的个数尽量最少"的含义是能够合并的关系尽量合并。经转化后可得关系模式：

- 学生（<u>学号</u>，姓名，性别，身高，联系编号）（"隶属"作为 1∶1 的联系，被合并到学生关系中，造成的变化是"学生"实体增加了"联系编号"属性）；
- 联系方式（<u>联系编号</u>，地址，手机号）；
- 就业意向（<u>就业编号</u>，工资，职位）；
- 兴趣（<u>学号</u>，<u>就业编号</u>）。

有的同学针对"关系模式的个数尽量最少"的要求给出一个别出心裁的（错误）回答：

因为"学号"和"就业编号""联系编号"可以是相同的，因此可以把它们合并，所以整个 ER 图可以合并为一个关系模式：

学生（学号，姓名，性别，身高，职位，工资，地址，手机号……）

这一回答有以下几点错误：

（1）任意两个实体都不允许合并。只要 ER 图中明确其为实体，它就必然有一个对应关系存在。

（2）如果否定 ER 图，重新设计概念模型（使原来的两个实体合并），则在概念设计阶段，一对一联系所连接的实体理论上是可以合并的，例如将图中的"联系方式"实体与"学生"合并（联系"隶属"被取消）。但这是超出数据模型设计阶段的任务，其合理性需要审慎考虑。

（3）即使推倒 ER 图从头设计，对于多对多联系所连接的实体也是无法合并的。强行合并只会造成数据库冗余和操作异常。

4.7 物理结构设计

数据库物理结构设计包括选择存储结构、确定存取方法、选择存取路径、确定数据的存放位置。主要解决选择文件存储结构和确定文件存取方法的问题。

数据库的物理实现取决于特定的 DBMS，在规划存储结构时主要应考虑存取时间和存储空间，这两者通常是互相矛盾的，要根据实际情况决定。

物理结构设计通常分为两步：

（1）确定数据库的物理结构（存储结构、存取方法）；

（2）对物理结构进行评价（时间、空间）。

物理结构的设计与所使用的数据库管理系统密切相关。

4.8 数据库实施、运行、维护

数据库的物理设计初步评价完成后就可以开始实施建立数据库了。数据库实施主要包括以下工作：

（1）定义数据库结构；

（2）组织数据入库；

（3）编制与调试应用程序；

（4）数据库试运行。

4.9 设计实例

本节以"教务管理"数据库为例，介绍数据库设计的具体过程。

4.9.1 需求分析

正规的需求分析需要了解所有系统使用者的需求，包括学生、教师、教务管理者的需求。限于篇幅，本节只基于常识进行分析。

系统中应具备的实体，最常见的是教师、课程、学生、班级、学院等，初步规划各实体的属性如下：

- 学生：学号、姓名、性别、学院名称、出生日期、入学时间、出生地、政治面貌、备注。
- 教师：教师编号、姓名、性别、学院名称、出生日期、学历、职称、备注。
- 课程：课程号、课程名、学分、开课学院、备注。
- 班级：班级号、班级名、入校年份、班长学号、专业、人数。
- 学院：学院编号、名称。

各实体间的两两联系：

学生：与教师间无直接联系，与课程是多对多的联系"选课"，与班级是多对一的联系"属于"；因为院系的判定可直接通过班级来确定，故与学院的联系省略。

教师：与课程是多对多的联系"讲授"，与学院是多对一的联系"职工归属"。

课程：与班级没有直接联系，与学院有多对一的联系"开设"。

班级：与学院是多对一的联系"隶属"。

确定联系之后，重新检查各个实体中的属性，尽量将属于其他实体的属性剔除，只保留反映实体本身的属性，得修改后的实体属性为：

- 学生：学号、姓名、性别、出生日期、入学时间、出生地、政治面貌、备注。
- 教师：教师编号、姓名、性别、出生日期、学历、职称、备注。
- 课程：课程号、课程名、学分、备注。
- 班级：班级号、班级名、入校年份、专业、人数。
- 学院：学院编号、名称。

4.9.2 概念结构设计

数据库的规模较小，因此省略"先设计局部 ER 图，再整合为全局 ER 图"的过程，直接根据前一步活动的需求分析数据画 ER 图，如图4.6 所示。

仔细观察该图可以发现，"课程""教师""学院"三个实体构成了环形，可能存在值得改进之处；考虑到虽然一门课程只属于一个学院，但属于某学院的课程有可能由属于另一学院的教师讲授，如果打破这个环形，例如删除联系"开设"，则上述"属于某学院的课程可由另一学院的教师讲授"这一业务逻辑无法表达，因此维持原状。

管理科学与工程类专业应用型本科系列规划教材

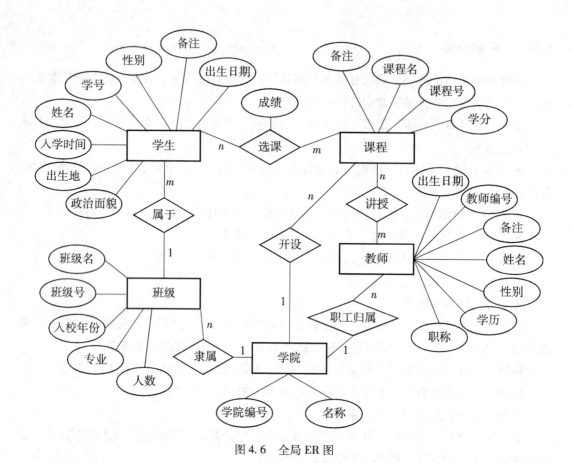

图 4.6　全局 ER 图

4.9.3　逻辑结构设计

将图 4.6 的 ER 图转换为关系模型，步骤如下：

（1）设计所有实体的关系。

- 学生（学号，姓名，性别，出生日期，入学时间，出生地，政治面貌，备注）；
- 教师（教师编号，姓名，性别，出生日期，学历，职称，备注）；
- 课程（课程号，课程名，学分，备注）；
- 班级（班级号，班级名，入校年份，专业，人数）；
- 学院（学院编号，名称）。

（2）考虑所有联系的转换，多对多联系直接转换为关系，一对多和一对一联系视情况合并。

- 选课（学号，课程号，成绩）；
- 讲授（课程号，教师编号）；
- 开设：合并到"课程"关系中，"课程"关系增加属性"学院编号"；
- 职工归属：合并到"教师"关系中，"教师"关系增加属性"学院编号"；
- 隶属：合并到"班级"关系中，"班级"关系增加属性"学院编号"；
- 属于：合并到"学生"关系中，"学生"关系增加属性"班级号"。

（3）合并前两步所有关系得到最终的关系模式（新增的属性以斜体表达）。

- 学生（<u>学号</u>，姓名，性别，出生日期，入学时间，出生地，政治面貌，备注，*班级号*）；
- 教师（<u>教师编号</u>，姓名，性别，出生日期，学历，职称，备注，*学院编号*）；
- 课程（<u>课程号</u>，课程名，学分，备注，*学院编号*）；
- 班级（<u>班级号</u>，班级名，入校年份，专业，人数，*学院编号*）；
- 学院（<u>学院编号</u>，名称）；
- 选课（<u>学号</u>，<u>课程号</u>，成绩）；
- 讲授（<u>课程号</u>，<u>教师编号</u>）。

4.9.4 物理结构设计

将逻辑结构设计的关系模型转换为物理数据库，也就是由基本表组成的关系数据库。在 SQL Server 2005 数据库管理系统中创建数据库及前述各表，代码如下：

```
create database 教务管理
go
use 教务管理
go
create table 学院
(学院编号 char(8) primary key identity(1,1),
名称 varchar(40)
)
go
create table 班级
(班级号 char(15) primary key ,
班级名 char(20),
入校年份 int default(year(getdate())),
专业 char(20),
人数 int check(人数＞20),——一个班人数不能少于20
学院编号 char(8) foreign key references 学院(学院编号)
)
go
create table 学生
(学号 char(15) primary key ,
姓名 varchar(16),
性别 char(2),
出生日期 datetime,
```

```
入学时间 datetime default(getdate()),
出生地 varchar(40) null,
政治面貌 varchar(20) null,
备注 varchar(100) null,
班级号 char(15) foreign key references 班级(班级号)
)
go
create table 教师
(教师编号 char(15) primary key,
姓名 varchar(16),
性别 char(2),
出生日期 datetime,
学历 char(10),
职称 char(10),
备注 varchar(100) null,
学院编号   char(8) foreign key references 学院(学院编号)
)
go
create table 课程
(课程号 char(8) primary key,
课程名 varchar(40),
学分 int default(2),
备注 varchar(100) null,
学院编号   char(8) foreign key references 学院(学院编号)
)
go
create table 选课
(学号 char(15) foreign key references 学生(学号),
课程号 char(8) foreign key references 课程(课程号),
成绩 decimal(5,1),
primary key(学号,课程号)
)
go
create table 讲授
(课程号 char(8) foreign key references 课程(课程号),
教师编号 char(15) foreign key references 教师(教师编号)
```

primary key(课程号,教师编号)

)

go

数据库的结构如图 4.7 所示。

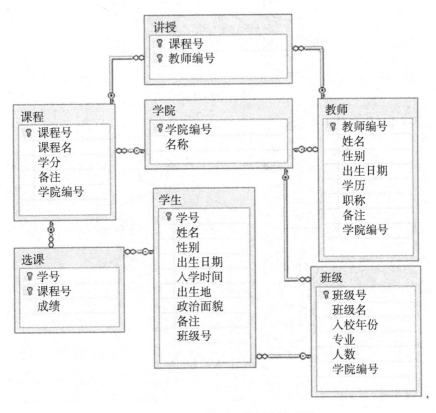

图 4.7　"教务管理"数据库关系图

到目前为止的"教务管理"数据库只是实现了基本表的创建,后续工作还包括其他对象的设计和创建,例如视图、存储过程、触发器以及基础数据的导入等等。这些工作必须结合数据库的需求分析报告来完成。

【习题】

1. 试设计一个超市管理数据库系统,要求能够记录所有商品信息、收银员信息、顾客会员信息、商品销售信息(牵涉经手的收银员、购买商品的顾客会员)、供货商信息。请完成概念模型、关系模型的设计。

2. 将下述 ER 图转换为关系模式。

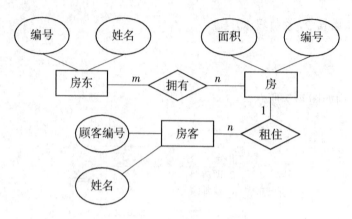

房屋管理 ER 图

3. 将下述 ER 图转换为关系模式。

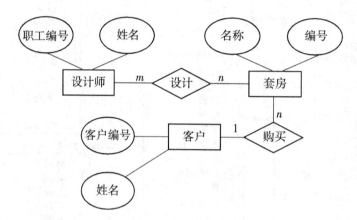

装修设计管理 ER 图

第 5 章　SQL Server 2005/2016 安装和操作

读者可能会有疑问，既然有 SQL Server 2016 可以使用，为什么还要使用 SQL Server 2005 呢？原因有三：

（1）SQL Server 2005 精简版短小精悍，加上必需的管理控制器软件总共才 104M，软件安装和传递都很方便；

（2）较旧的操作系统例如 Windows XP 无法安装 SQL Server 2008 以上的新版 SQL Server；

（3）与数据库原理有关的绝大多数操作完全可以通过 SQL Server 2005 完成学习。

5.1　SQL Server 2005 安装

5.1.1　SQL Server 2005 简介

SQL Server 2005 的服务组件包括：

（1）SQL Server Database Services（数据库服务）。包括关系型数据库引擎、存储、处理和保护数据的核心功能，并且还包括数据库复制、全文检索以及管理关系数据和 XML 数据的特性。

（2）Notification Services（通知服务）。该服务允许将通知（如消息）发送到目标区域（如 SMS 或任何在侦听的进程），这样当特定动作发生时便能"获悉"，能够向不同的连接和移动设备发布个性化、及时的信息更新。

（3）Reporting Services（报表服务）。该服务包括创建、管理和发布传统的、可打印的报表和交互的、基于 Web 的报表的服务器端和客户端组件。

（4）Analysis Services（分析服务）。该服务包括创建和管理联机在线分析处理（online analytical processing，OLAP）和数据挖掘功能。通过使用该工具，获取数据集并对数据切块、切片，分析其中所包含的信息。

（5）Integration Services（集成服务）。用于数据仓库和企业范围内数据集成的数据提取、转换和加载（ETL）功能。该组件允许用数据源（不仅可以是 SQL Server，而且可以是 Oracle、Excel、XML 文档和文本文件等）导入和导出数据。

（6）工作站组件、联机丛书和开发工具。包括客户端组件、管理工具、开发工具、文档和参考示例。

本教材对应的学习内容只需用到其中的第 1 部分和第 6 部分的组件。SQL Server 2005 的安装版本可分为：

- 企业版（Entries Edition，32 位和 64 位）。支持超大型企业进行联机事务处理

（OLTP）、高度复杂的数据分析、数据仓库系统和网站所需的性能水平。

• 标准版（Standard Edition，32 位和 64 位）。Standard Edition 是适合中小型企业的数据管理和分析平台。

• 工作组版（Workgroup Edition，仅 32 位）。对于那些需要在大小和用户数量上没有限制的数据库的小型企业，是理想的数据管理解决方案。

• 开发版（Developer Edition，32 位和 64 位）。Developer Edition 使开发人员可以在 SQL Server 上生成任何类型的应用程序，是独立软件供应商（ISV）、咨询人员、系统集成商、解决方案供应商以及创建和测试应用程序的企业开发人员的理想选择。

• 精简版（SQL Server 2005 Express Edition，仅 32 位）。是一个免费、易用且便于管理的数据库引擎中可再分发的版本，是低端 ISV、低端服务器用户、创建 Web 应用程序的非专业开发人员以及创建客户端应用程序的编程爱好者的理想选择。学生在学习阶段就可以选择此版本。

5.1.2　SQL Server 2005 安装过程

作为初学者，只需要精简版即可完成学习过程。精简版是免费的版本，其大小（连同管理控制器）只有 100M 左右，安装较为方便。

精简版与操作系统的匹配：几乎所有 Windows XP 及更高级的版本都可以安装，换言之，除了手机上的 Windows 系统外皆可安装。硬件方面，处理器的主频在 1G 以上、内存不小于 512M 基本都可满足要求。

具体安装过程以 Windows XP 系统为例：

（1）网上下载精简版文件 SQL Server 2005 Express，点击运行。

根据提示一步步安装。对于未做说明的步骤，只需接受默认设置即可，其中的关键步骤如图 5.1～图 5.7 所示（图形来自 Window XP 系统上的安装过程）。

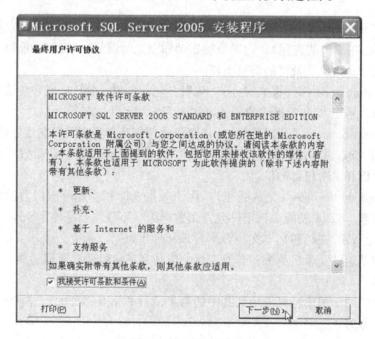

图 5.1　初始安装页面

图 5.2 安装功能选择推荐设置

图 5.3 选择安装的组件（首末两项必须选中，其他任意）

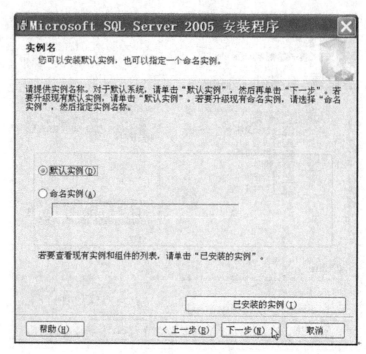

图 5.4　实例名选择（这里的"实例"指的是数据库引擎。采用默认实例，则会以本机的
名称为引擎的名称。推荐采用默认实例，但如果本机已安装另一 SQL Server 版本，那么
最好采用命名实例加以区分）

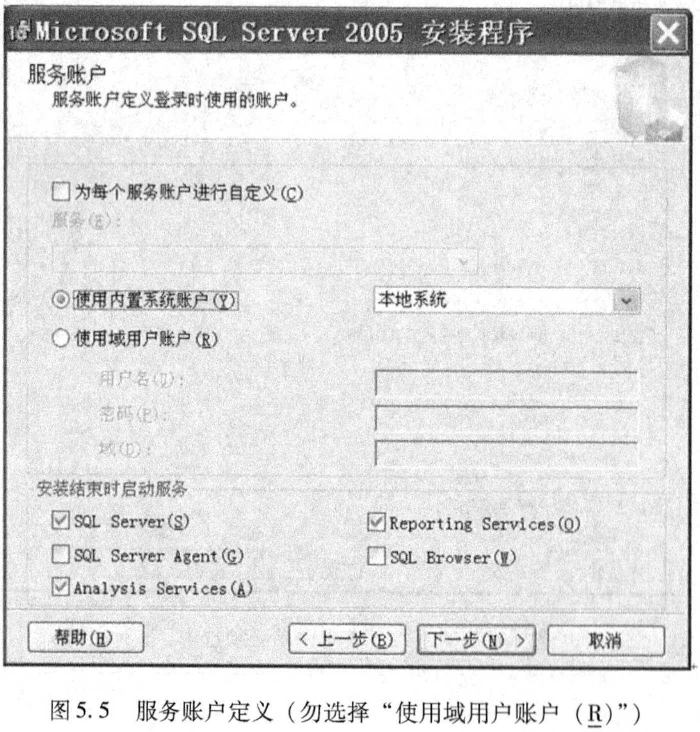

图 5.5　服务账户定义（勿选择"使用域用户账户（R)"）

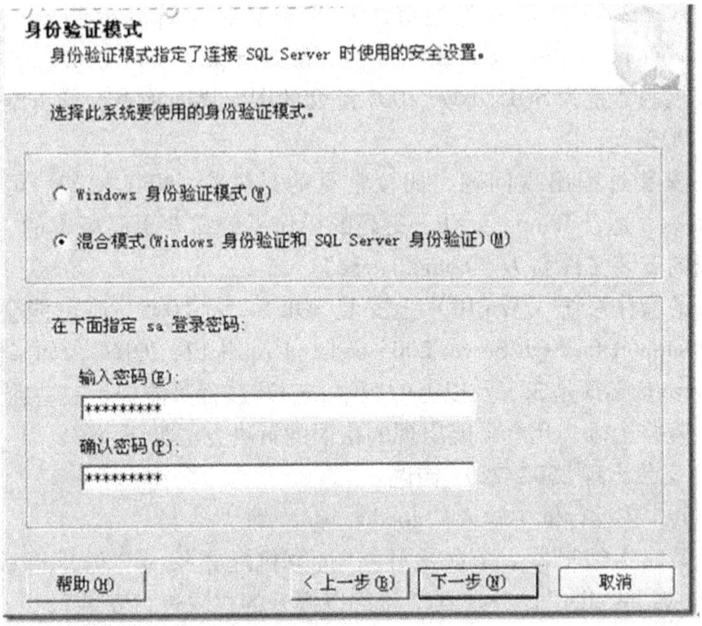

图 5.6　身份验证模式（推荐混合模式，并为默认用户“sa”指定密码）

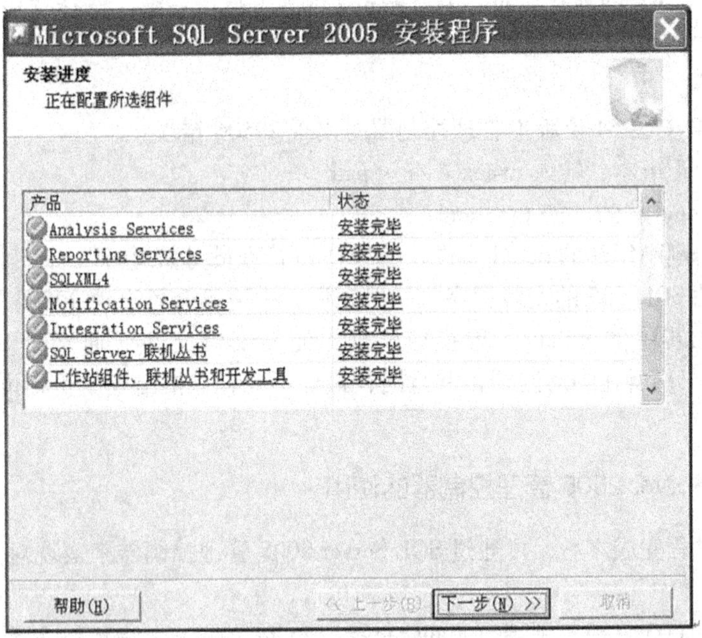

图 5.7　安装完成

（2）SQL Server 2005 精简版安装好之后还需安装"管理控制器"。网上下载 SQL Server 2005 Management Studio Express 软件，一般是 SQL Server 2005_SSMSEE.msi 文件，点击运行。管理控制器是为 SQL Server 2005 配套的图形界面和查询分析器，后者编写并运行 SQL 代码的图形窗口。

（3）若上述安装过程出现问题，比较常见的是缺少.NRT 框架。可网上下载.NET Framework 2.0 版本（适合 Windows XP，更高的操作系统需要更高版本的.NET Framework）进行安装，一般的安装文件名为"dotnetfx.exe"。

如果在较新的操作系统（Win10）上安装 SQL Server 2005，则可能会弹出警告信息，例如"Extended support for SQL Server 2005 ends on April 12, 2016"，如果继续安装的话安装的.NRT framework 必须是 3.5 及以上的版本；安装过程可能提示一些兼容性的问题，但一般仍可顺利安装并运行。几个可能出现的错误的解决方法如下：

（1）Win 10 安装出现 2502/2503 错误：

①按 WIN+R，在运行框中输入"gpedit.msc"确认；

②打开本地策略组编辑器后依次展开："计算机配置"→"管理模板"→"windows 组件"→"windows installer"，并找到"始终以提升的权限进行安装"；

③双击该选项，设置为"已启用"，并应用；

④在【用户配置】中进行同样的操作；

⑤进入 C：\Windows\Temp，在 Temp 文件夹上点击右键，选择"属性"→"安全"选项卡，点击"高级"→"选择主体"→"完全控制"；

⑥重新安装。

（2）Win 10 安装 64 位版本管理控制器时出现 29506 错误：

①新建一个记事本，输入 msiexec /i <path>；

②另存为.cmd 格式，如 run.cmd；

③右键单击刚刚创建的.cmd 文件，选择"以管理员身份运行"；

此时会启动 SQL2005 的安装程序。一般来说，中途不会再出现 29506 错误。

注意：第①步中的 <path> 要换成管理控制器安装文件（通常是 SQLServer2005_SSMSEE_x64.msi）所在绝对路径，并且路径最好不要有空格出现，否则可能导致.cmd 运行错误。

5.1.3　SQL Server 2005 管理控制器的使用

上述安装过程完成之后，可通过 SQL Server 2005 管理控制器来实现对数据库的创建和使用。

SQL Server 2005 管理控制器（Management Studio）是一个集成图形界面，用于访问、配置和管理所有 SQL Server 组件；数据库的创建、修改、维护、查询都可以通过它来完成。

启动管理控制器：开始菜单→SQL Server 2005→SQL Server Management Studio Express，出现登录界面（图 5.8）。

图 5.8　登录服务器界面

其中，"服务器名"称为所安装的默认数据库引擎的名称，"身份验证"选项如果是
"Windows 身份验证"则无须输入密码；若选择"SQL Server 身份验证"，则需要输入用户
名为"sa"，密码为安装时输入的密码。完成后单击"连接"。

打开的主界面窗口分为三个部分："已注册的服务器""对象资源管理器""摘要"。
其中"已注册的服务器"有时会不显示，此时可通过菜单"视图"→"已注册的服务器"
将其调出。

从图 5.9 可见，"已注册的服务器"窗口中数据库引擎的图标是一个绿色三角形，表
明当前数据库引擎已经开启，可以进行数据库的操作。有时因为操作系统的原因，该图标
是一个红色正方形，则说明数据库引擎尚未启动，此时需要通过该图标的右键菜单"启
动"来启动服务器。

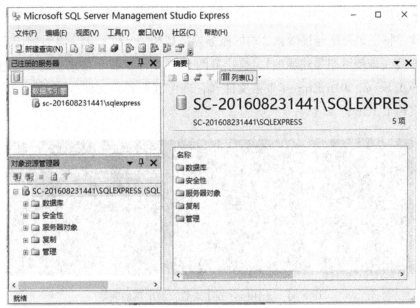

图 5.9　SQL Server Management Studio 主界面

另外，点击"新建查询"按钮可以打开查询编辑器，在编辑器中可以输入 SQL 代码并运行（运行代码需要点击"执行"图标），见图 5.10。

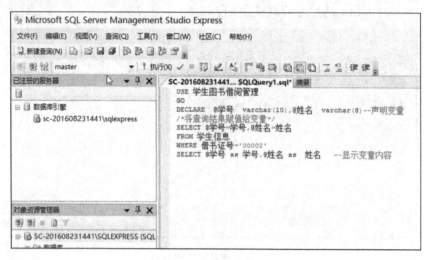

图 5.10　查询编辑器

5.2　SQL Server 2016 安装

微软 SQL Server 2016 正式版分为四个版本，分别是企业版（enterprise）、标准版（standard）、速成版（express）和开发人员版本（developer）。其中，速成版和开发人员版都是免费的，可随意下载使用。下载方法：

（1）访问微软中国网页 https://www.microsoft.com/zh-cn/server-cloud/products/sql-server/，选择"速成版"右侧的"免费下载"链接；

（2）下载后得到一个 3MB 的安装引导程序（并非真正的安装文件），运行该程序进行安装；该软件将通过网络连接微软公司的服务器下载相关文件。因为某种原因用这种方式经常无法连接（即使网络是连通的），会出现图 5.11 所示的提示信息；此时可通过直接在网上搜索 SQL Server 2016 Express 安装文件和管理控制器安装文件进行离线安装，两者的大小加起来约 1.1GB。

图 5.11　采用引导程序安装容易出现的问题

（3）下载后首先安装"SQLEXPR_x64_CHS. exe"文件，即数据库引擎。单击该文件后出现初始界面（图 5.12），图 5.13～图 5.18 为安装过程。

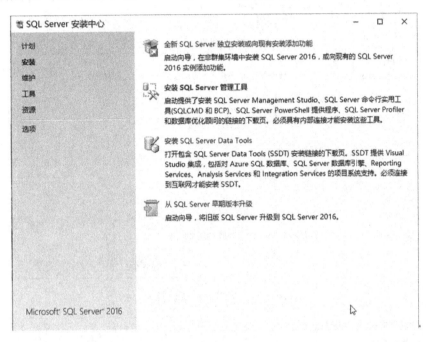

图 5.12　初始界面

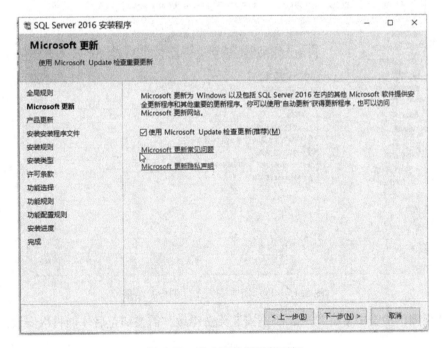

图 5.13　检查安装所需的更新

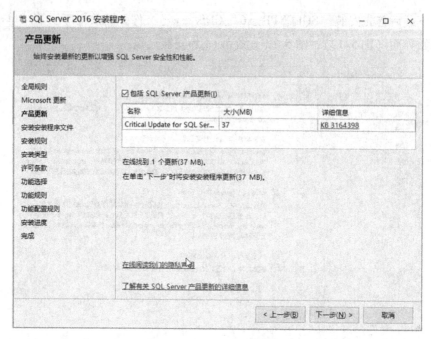

图 5.14　安装关键更新补丁

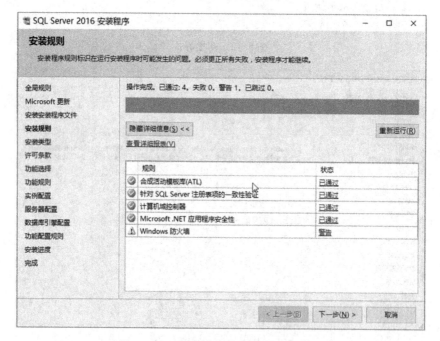

图 5.15　显示所有安装条件的检验结果

安装规则的检查中若有"×"项则安装无法继续，需要纠正后才能再次安装。

如果计算机中已安装其他 SQL Server 版本，则最好不要使用"默认实例"，否则可能导致不同版本实例直接相互覆盖。例如图 5.16 中"默认实例"界面下方显示已安装 SQL Server 2005 的实例（版本号为 9.x），因此采用了"命名实例"。

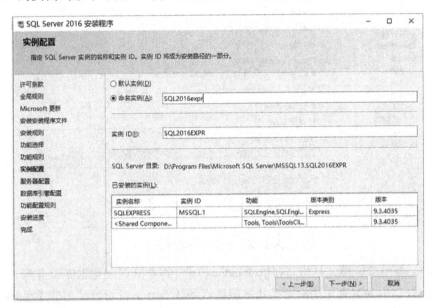

图 5.16　实例配置

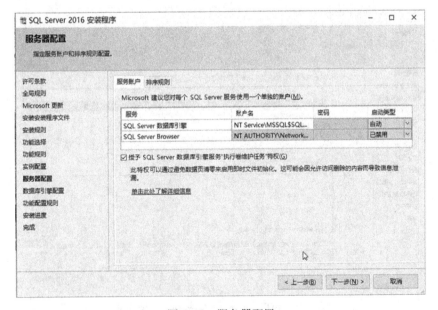

图 5.17　服务器配置

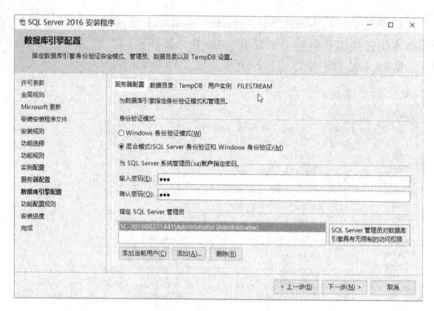

图 5.18　数据库引擎配置

Windows 身份验证模式是指直接以 Windows 用户的身份登入数据库服务器，一般选择混合模式较好，因为只有采用混合模式才能实现 SQL Server 身份验证，非 Windows 用户才能通过网络登录本机的 SQL Server 2016 服务器。

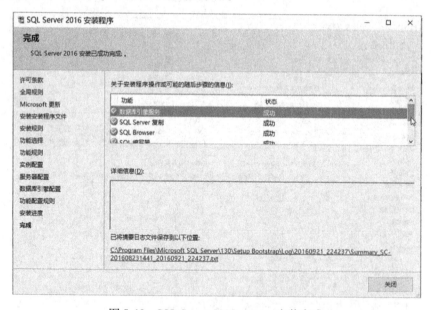

图 5.19　SQL Server 2016 express 安装完成

数据库引擎安装完成之后还需要安装管理界面（图 5.20～图 5.23），也就是"管理控制器"（management studio）。返回到前面运行图 5.12 中的第二项"安装 SQL Server 管理工具"，或者直接运行已下载的安装文件"SSMS‐Setup‐CHS.exe"。

图 5.20　管理控制器初始安装界面

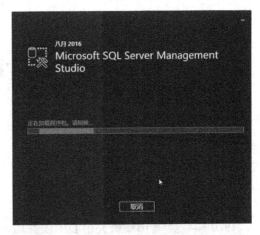

图 5.21　加载程序包

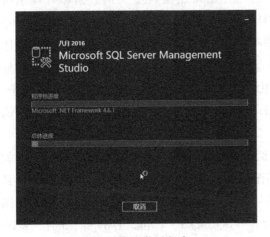

图 5.22　安装进行中

图 5.23　安装结束

安装完成后的界面与 SQL Server 2005 的管理控制器基本相同，但增加了一些附加功能和对应按钮（如"调试"按钮），对这些差异是否了解不影响后续的学习，此处从略。

虽然增加了一些新功能，例如代码调试等等，但 SQL Server 2016 管理控制器安装后的使用基本和 SQL Server 2005 没有区别，此处从略。

【习题】

1．SQL Server 2005 和 SQL Server 2016 的安装有没有不同？两者的查询分析器界面有没有不同？查看 SQL Server 2016 的帮助，寻找不同在哪里，为什么要这样改进？

2．有条件的话安装两个版本的 SQL Server，然后在两个 DBMS 上运行本书附录的脚本，看看哪个更快一些？试找出产生区别的原因。

3．查询分析器中的"执行"按钮和"√"按钮有什么区别？

第 6 章 T-SQL 语言

6.1 SQL 语言简介

1970 年，美国 IBM 研究中心的埃德加·弗兰克·科德（E. F. Codd）连续发表多篇论文，提出了数据库关系模型。1972 年，IBM 公司开始研制实验型关系数据库管理系统 SYSTEM R，为其配制的查询语言称为 SQUARE（specifying queries as relational expression）语言，在该语言中使用了较多的数学符号。1974 年，Boyce 和 Chamberlin 把 SQUARE 修改为 SEQUEL（structured english query language）语言。这两种语言在本质上是相同的，但后者去掉了数学符号，改用英语单词表达并采用结构式的语法规则，看起来很像英语句子，用户比较欢迎这种形式的语言。后来 SEQUEL 简称为 SQL（structured query language）语言，即"结构化查询语言"。

在认识到关系模型的诸多优越性后，许多厂商纷纷研制关系数据库管理系统（例如 Oracle、DB2、Sybase 等），这些数据库管理系统的操纵语言也以 SQL 参照。1986 年 10 月美国国家标准化协会（ANSI）发布了 X3. 135 – 1986《数据库语言 SQL》，1987 年 6 月国际标准化组织（ISO）采纳其为国际标准，称为"SQL – 86"标准。1989 年 10 月，ANSI 又颁布了增强完整性特征的"SQL – 89"标准。随后，ISO 对该标准进行了大量的修改和扩充，在 1992 年 8 月发布了标准化文件《ISO/IEC 9075：1992〈数据库语言 SQL〉》，我们称其为 SQL92 或 SQL2 标准。1999 年 ISO 又颁布了《ISO/IEC 9075：1999〈数据库语言 SQL〉》标准化文件，我们称其为 SQL99 或 SQL3 标准。

SQL Server 使用 ANSI SQL – 92 的扩展集，称为 T-SQL（Transact-SQL），它遵循 ANSI 制定的 SQL – 92 标准，是 Microsoft 公司在 SQL Server 数据库管理系统中 SQL 的实现。T-SQL 语言不但融合了标准 SQL 语言的优点，还对其进行扩充，使其功能更加完善，性能更加优良。

SQL 语言的特点：

（1）高度非过程化。不要求使用者指出数据存放方式，只需要提出想要的结果。简言之，用户只需指出"做什么"，不需指出"怎么做"。

（2）综合统一。所有不同的数据用户角色，如操作系统管理员、数据库管理员、数据库设计者、数据库查询及使用者使用同样的语言实现其功能。就功能而言可以分为四个部分：

①数据定义语言（DDL），例如 CREATE、DROP、ALTER 等语句；

②数据操作语言（DML），例如 INSERT、UPDATE、DELETE 语句；

③数据查询语言（DQL），例如 SELECT 语句；

④数据控制语言（DCL），例如 GRANT、REVOKE、COMMIT、ROLLBACK 等语句。

（3）SQL 是所有关系数据库的公共语言。所有主流的关系数据库系统都支持 SQL 语言，学会 SQL 的使用技能后，对不同的关系数据库系统只需要很短的适应时间即可掌握。

（4）可独立或嵌入使用。可单独运行或嵌入到其他高级语言中，在不同使用环境下的语法结构基本没有区别。

（5）简单易学。SQL 语言是解释性的语言，规则简单，而且非常贴近自然语言的表达方式。

SQLServer 是定位在 Server 上的系统，它只负责提供和储存数据；就像汽车的引擎，它只提供汽车的动力，其他功能由前端设计工具如 FoxPro、Delphi、PowerBuilder、VisualBasic 等来处理，因此我们一般称 SQL Server、Oracle、Informix 等数据库系统为数据库引擎；相应的，用于这些"引擎"的语言（也就是 SQL）就相对简单，不如其他高级语言那么复杂、全面。

6.2　基本语法

6.2.1　标识符

就像每个人都要有个名字一样，在 SQL Server 中，每一项对象也都要有一个作为标识用的名称，这就是标识符。例如数据库名称、数据表名称、字段名称等，这些名称统称为标识符。

首先介绍标识符的命名规则：

（1）可用作标识符的字符。

- 英文字符：A～Z 或 a～z，在 SQL 中是不用区分大小写的。
- 数字：0～9，但数字不得作为标识符的第一个字符。
- 特殊字符："_" "#" "@" "$"，但 $ 不得作为标识符的第一个字符。
- 特殊语系的合法文字：例如中文文字也可作为标识符的合法字符。

（2）标识符不能是 SQL 的关键词，例如 "table" "TABLE" "select" "SELECT" 等都不能作为标识符。

（3）标识符中不能有空格符，或 "_" "#" "@" "$" 之外的特殊符号。

（4）标识符的长度不得超过 128 个字符长度。

特殊说明：若对象名称不符合上述规则，只要在名称的前后加上中括号，该名称就变成合法标识符了（但长度仍不能超过 128 个字符）。

例 6.1　下列哪些是合法的、可供用户使用的标识符？

A1，啊，a1，037 班，_rr，$30，database，[038 班]，@@error

解答：

标识符	A1	啊	a1	037 班	_rr	$ 30	database	［038 班］	@ @ error
判断	合法	合法	合法	非法	合法	非法	非法	合法	非法
解释				数字不得作为标识符的第一个符号		特殊字符不得作为第一个数字	标识符不能是关键词		已被作为系统变量名

可能读者会担心"我对 SQL Server 并不了解，怎么可能知道哪些是关键字呢？"事实上无需死记关键字，用户在使用过程中自然就会了解。另外，实际应用中 SQL Server 的查询分析器会将关键字以特殊颜色显示，以帮助用户识别。

6.2.2 注释

注释是程序中不被执行的正文。注释有两个作用：

第一，说明代码的含义，增强代码的可读性；

第二，把程序中暂时不用的语句注释掉，使它们暂时不被执行，等需要这些语句时，再将它们恢复。

SQL Server 的注释有两种：

（1） -- （两个短横线）置于注释文字的首位，只用于注释单行；

（2）用"／＊"和"＊／"将被注释内容包括起来，用于注释多行。

例 6.2 通过注释说明语句功能。

```
use 学生图书借阅管理
go
declare  @ 学号  varchar(10),@ 姓名  varchar(8) —声明变量
/* 将查询结果赋值给变量* /
select @ 学号 =学号,@ 姓名 =姓名
from 学生信息
where 借书证号 ='00002'
select @ 学号 as 学号,@ 姓名 as 姓名   —显示变量内容
```

将上述代码输入查询编辑器之后可见所有注释以绿色字体显示。

6.2.3 批处理及查询分析器使用技巧

本文中所有代码默认以查询分析器为运行环境。查询分析器的使用需要注意以下几点：

（1）SQL 语句在书写的时候不区分大小写，具有不同大小写的标识符视为相同。

（2）一条语句的结束可以用分号表达，回车符不能表示语句的结束。因此一条很长的语句可以分成多行以便于阅读。

（3）如果只需要执行查询窗口中的某一条或几条语句，首先选中此条语句，再单击

"执行"按钮（此时这些语句被作为一个批处理单元执行）。如不选择，则窗口中的所有语句将按顺序一一执行。

（4）运行过程中若发现语法错误，"消息"窗口中将出现对错误的说明。双击说明对应的红色字，光标会定位到出错代码所在的行。

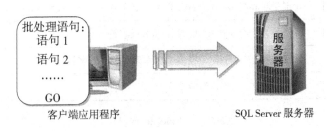

图 6.1　批处理图示

SQL 的语句执行是采用"批处理"的方式。所谓"批"是指从客户机传送到服务器上的一组完整数据和 SQL 指令，批中的所有 SQL 语句作为一个整体编译成一个执行单元后从应用程序一次性地发送到 SQL Server 服务器进行执行，称之为批处理。

所有的批处理命令都使用 GO 作为结束标志，当 T-SQL 的编译器扫描到某行的前两个字符是 GO 的时候，它会把 GO 前面的所有语句作为一个批处理送往服务器。

由于批处理中的所有语句被当作一个整体，因此若其中一个语句出现了编译错误，则该批处理内所有语句的执行都将被取消。

例 6.3　批处理示例。

```
 ——第一个批处理打开 student 数据库
use   student
go
 ——第二个批处理在 teachers 表中查询姓王的教师的记录
select   *   from   teachers
where   substring(teacher_name,1,1) = '王'
go
```

简单来说，GO 向 SQL Server 引擎（服务器）发出"一批 Transact – SQL 语句结束"的信号。SQL Server 规定，如果是建库、建表语句以及后面将学习的存储过程和视图等必须在语句末尾添加 GO 批处理标志。

在一批语句中，语句是一条条被执行的。如果希望多条语句当作单条语句执行时，可使用"BEGIN"和"END"关键词将它们包起来。BEGIN…END 语句相当于其他语言中的复合语句，如 JAVA 语言中的 ｛｝。它用于将多条 T-SQL 语句封装为一个整体的语句块，即将 BEGIN…END 内的所有 T-SQL 语句视为一个单元执行。在后续学习的控制流语句中，在必须执行包含两条或多条 Transact – SQL 语句的语句块的地方必须使用 BEGIN 和 END 语句。

6.2.4　数据类型

SQL Server 提供了系统数据类型和用户数据类型。系统提供的数据类型如表 6.1 ～表

6.7 所示。

表 6.1　Character 字符串

数据类型	描述	存储
char(n)	固定长度的字符串。最多 8 000 个字符	n
varchar(n)	可变长度的字符串。最多 8 000 个字符	
varchar（max）	可变长度的字符串。最多 1 073 741 824 个字符	
text	可变长度的字符串。最多 2GB 字符数据	

表 6.2　Unicode 字符串

数据类型	描述	存储
nchar(n)	固定长度的 Unicode 数据。最多 4 000 个字符	
nvarchar(n)	可变长度的 Unicode 数据。最多 4 000 个字符	
nvarchar（max）	可变长度的 Unicode 数据。最多 536 870 912 个字符	
ntext	可变长度的 Unicode 数据。最多 2GB 字符数据	

表 6.3　Binary 类型

数据类型	描述	存储
bit	允许 0，1 或 NULL	
binary(n)	固定长度的二进制数据。最多 8 000 字节	
varbinary(n)	可变长度的二进制数据。最多 8 000 字节	
varbinary（max）	可变长度的二进制数据。最多 2GB 字节	
image	可变长度的二进制数据。最多 2GB 字节	

表 6.4　Number 类型

数据类型	描述	存储
tinyint	允许从 0～255 的所有数字	1 字节
smallint	允许从 −32 768～32 767 的所有数字	2 字节
int	允许从 −2 147 483 648～2 147 483 647 的所有数字	4 字节
bigint	允许介于 −9 223 372 036 854 775 808 和 9 223 372 036 854 775 807 之间的所有数字	8 字节
decimal（p, s）	固定精度和比例的数字。允许从 $-10^{38}+1$～$10^{38}-1$ 之间的数字。p 参数指示可以存储的最大位数（小数点左侧和右侧）。p 必须是 1～38 之间的值，默认是 18。s 参数指示小数点右侧存储的最大位数。s 必须是 0～p 之间的值，默认是 0	5～17 字节

（续表 6.4）

数据类型	描述	存储
numeric（p, s）	固定精度和比例的数字。允许从 $-10^{38}+1 \sim 10^{38}-1$ 之间的数字。p 参数指示可以存储的最大位数（小数点左侧和右侧）。p 必须是 1～38 之间的值，默认是 18。s 参数指示小数点右侧存储的最大位数。s 必须是 0～p 之间的值，默认是 0	5～17 字节
smallmoney	介于 -214 748.3648 和 214 748.3647 之间的货币数据	4 字节
money	介于 -922 337 203 685 477.5808 和 922 337 203 685 477.5807 之间的货币数据	8 字节
float(n)	从 $-1.79^{308} \sim 1.79^{308}$ 的浮动精度数字数据。参数 n 指示该字段保存 4 字节还是 8 字节。float（24）保存 4 字节，而 float（53）保存 8 字节。n 的默认值是 53	4 或 8 字节
real	从 $-3.40^{38} \sim 3.40^{38}$ 的浮动精度数字数据	4 字节

表 6.5　Date 类型

数据类型	描述	存储
datetime	从 1753 年 1 月 1 日—9999 年 12 月 31 日，精度为 3.33 毫秒	8bytes
datetime2	从 1753 年 1 月 1 日—9999 年 12 月 31 日，精度为 100 纳秒	6～8bytes
smalldatetime	从 1900 年 1 月 1 日—2079 年 6 月 6 日，精度为 1 分钟	4bytes
date	仅存储日期。从 0001 年 1 月 1 日—9999 年 12 月 31 日	3bytes
time	仅存储时间。精度为 100 纳秒	3～5bytes
datetimeoffset	与 datetime2 相同，外加时区偏移	8～10bytes
timestamp	存储唯一的数字，每当创建或修改某行时，该数字会更新。timestamp 基于内部时钟，不对应真实时间。每个表只能有一个 timestamp 变量	

表 6.6　其他数据类型

数据类型	描述
sql_variant	存储最多 8 000 字节不同数据类型的数据，除了 text、ntext 以及 timestamp
uniqueidentifier	存储全局标识符（GUID）
xml	存储 XML 格式化数据。最多 2GB
cursor	存储对用于数据库操作的指针的引用
table	存储结果集，供稍后处理

管理科学与工程类专业应用型本科系列规划教材

表 6.7　数据类型汇总

数据类型	系统数据类型	数据类型	系统数据类型
二进制	image	字符	char［(n)］
	binary［(n)］		varchar［(n)］
	varbinary［(n)］		text
精确整数	bigint	Unicode	nchar［(n)］
	int		nvarchar［(n)］
	smallint		ntext
	tinyint	日期和时间	datetime
精确小数	decimal［(p［,s］)］		smalldatetime
	numeric［(p［,s］)］		money
近似数字	float［(n)］		smallmoney
	real	用户自定义	用户自行命名
特殊		bit, timestamp, uniqueidentifier	

几种常用字符串数据类型的辨析：

● char(n)：定长的字符串（"char" 可视为 "character" 的简写），长度固定为 n（个字符），赋值时不足部分用空格补齐。单独的 "char" 表示长度为 1 的字符。存储使用 n 字节。

● varchar(n)：变长的字符串（"varchar" 可视为 "variable characters" 的简写），长度最大允许为 n（个字符）。单独的 "varchar" 表示最大长度为 1 的字符串。存储大小是输入数据的实际长度加 2 个字节。所输入数据的长度可以为 0 个字符。

char 和 varchar 的区别：存储方式不同。char 适合于有固定长度的数据（学号，身份证号），varchar 适合于长度变化很大的数据（如备注、说明文字），其数据的最大可能长度为 n 字符。

● text：存储大段可变长度的非 Unicode 数据，最大长度为 $2^{31}-1$ 个字符。在 Microsoft SQL Server 的新版本（2005 以上版本）中已删除 ntext、text 和 image 数据类型，应避免在新开发工作中使用这些数据类型。替代它们可使用 nvarchar（max）、varchar（max）和 varbinary（max）。

● nchar，nvarchar，ntext：这三种从名字上看比前面三种多了个 "n"。它表示存储的是 Unicode 数据类型的字符[①]。nchar，nvarchar 的长度是在 1 ～ 4 000 之间。和 char，varchar 比较起来，nchar，nvarchar 则最多存储 4 000 个字符，不论是英文还是汉字；而

---

① 我们知道英文字符只需要一个字节存储就足够了，但汉字众多，需要两个字节存储，英文与汉字同时存在时容易造成混乱，Unicode 字符集就是为了解决字符集这种不兼容的问题而产生的，它所有的字符都用两个字节表示，包括英文字符；它为每种语言中的每个字符设定了统一并且唯一的二进制编码，当然也包含了中、日、韩等亚洲国家的文字符号，以满足跨语言、跨平台进行文本转换、处理的要求。

char，varchar 最多能存储 8 000 个英文，4 000 个汉字。可以看出使用 nchar，nvarchar 数据类型时不用担心输入的字符是英文还是汉字，较为方便，但在存储英文时数量上有些损失。所以一般来说，存储的数据中如果含有中文字符，用 nchar/nvarchar，如果纯英文和数字，用 char/varchar。

6.2.5　变量

变量是在程序运行中值可以改变的量，用于存放数据。SQL 的变量可分为局部变量和全局变量两种。

（1）局部变量（local variable）。以@为变量名称开头，由用户自己在编程过程中声明和使用。

（2）全局变量（global variable）。以@@为变量名称开头，固定在 SQL Server 系统之中（由系统定义和维护），只能查看，不能创建或删除。

我们最常接触的变量是局部变量，也就是用户可以自行定义和使用的变量。局部变量的使用需要经过声明、赋值两个步骤，例如：

```
declare @a int ——声明"@a"为一储存 int 数据的变量
set @a =5 ——为@a 赋值 5
print @a ——(打印)输出变量到控制台
go
```

在 SQL Server 查询分析器中输入上述代码，点击"执行"后即可输出@a 的值①。上例中使用了"set"关键字为变量@a 赋值；实际上 SELECT 也可以实现赋值的功能，两者的区别：SET 语句一次只能给一个变量赋值，SELECT 语句可同时为多个变量赋值；另外利用 SELECT 查询语句，可将查询出的结果赋值给变量，并且只能在 SELECT 查询语句的 SELECT 子句的位置为变量赋值，而在其他子句部分则是引用变量。例如：

select @name = name From 学生表 where 学号 = 's25302'

变量输出使用"print"关键字，也可使用"select"关键字代替。两者的区别：print 命令会将结果显示在"消息"窗口，select 命令会将结果显示在"结果"窗口且始终以表格的形式显示。

全局变量实际上可视为数据库系统的参数，例如"@@version"用来存储数据库管理系统的版本信息；它们的值不由用户控制，用户一般只能读取不能赋值。运行下述语句可察看常用的全局变量：

```
select  @@error as 最后一个错误，
@@identity as 自动增量值，
@@language as 语言，
@@max_connections as 最多运行连接数，
@@rowcount as 上次查询获得的行数，
@@servername as 服务器名，
```

---

① 从此处开始，后续的示例代码都可以在查询分析器中编写后运行。具体操作步骤见 5.1.3 节和实验 1。

```
@ @ version as 版本
```

变量的赋值有两种方式：使用 set 语句或 select 语句；输出结果也有两种方式：print 语句和 select 语句。

6.2.6　运算符

运算符是一种符号，用来指定要在一个或多个表达式中执行的操作。SQL server 使用下列几类运算符：算术运算符、赋值运算符、按位运算符、比较运算符、逻辑运算符、字符串连接运算符和一元运算符。

1. 算术运算符

算术运算符包括 +（加）、-（减）、*（乘）、/（除）和%（模除，即取整数相除的余数），用于数值和日期时间的运算（表 6.8）。

日期时间可与数值做加或减运算，其意义分别为日期加几天或减几天，结果仍为日期时间数据。

例 6.4　日期加数值。

在查询分析器输入下列代码并运行：

表 6.8　算术运算符

运算符	作用
+	加法运算
-	减法运算
*	乘法运算
/	除法运算，返回商
%	求余运算，返回余数

```
declare @ a datetime
set @ a ='2017 -8 -8'
print @ a +10
```

显示的结果是"08 18 2017 12:00AM"，即"2017 -8 -8"加 10 天后的日期。

2. 赋值运算符

赋值运算符只有一个，那就是"="（等号），用来将数值或字符串指定给字段或变量。

3. 按位运算符

按位运算符包括"&""|""^"三种，用来对位进行逻辑运算，所有运算都是对数的二进制形式进行的。

- &：按位与（and）运算符。当运算符前后的操作数都为 1 时，结果为 1，只要有一个不为 1，结果就是 0。
- |：按位或（or）运算符。运算符前后的操作数只要有 1 个为 1，结果就为 1，只有两个都为 0 的时候，结果才为 0。
- ^：按位异或（exclusive or）运算符。只有当两个操作数的值不一样的时候才会是 1，否则为 0。

例 6.5　求 59 和 12 的按位与、按位或、按位异或运算。

```
select 59 & 12        --00111011 & 00001100
select 59 | 12        --00111011 | 00001100
select 59 ^ 12        --00111011 ^ 00001100
```

结果为

8	00001000
63	00111111
55	00110111

4．比较运算符

比较运算符又称关系运算符，用于测试两个表达式的值之间的关系，其运算结果为布尔类型的值 true 或者 false。如果无法比较则返回 unknown 值。

除 text、ntext 或 image 类型的数据外，比较运算符可以用于所有的表达式（表6.9）。

表6.9　SQL Server **比较运算符**

运算符	含义
=	等于
>	大于
<	小于
> =	大于等于
< =	小于等于
< >	不等于

5．逻辑运算符

逻辑运算符用于对某个条件进行测试，以获得其真实情况。逻辑运算符和比较运算符一样，返回带有 true 或 false 的布尔数据类型，包括 all, and, any, between, exists, in, like, not, or, some（表6.10）。

表6.10　SQL Server **逻辑运算符**

运算符	含义
all	如果一组的比较都为 true，则返回 true
and	如果两个布尔表达式都为 true，则返回 true
any	如果一组的比较中任何一个为 true，则返回 true
between	如果操作数在某个范围之内，则返回 true
exists	如果子查询包含一些行，则返回 true
in	如果操作数等于表达式列表中的一个，则返回 true
like	如果操作数与一种模式相匹配，则返回 true
not	对任何其他布尔运算符的值取反
or	如果两个布尔表达式中的一个为 true，则返回 true
some	如果在一组比较中，有些为 true，则返回 true

6．字符串连接运算符

字符串连接运算符号为 "＋"，用来连接字符串。它可连接字符串变量、列及字符串表达式。若有其他数据类型的数据要与字符串相加，则必须转换为字符串类型。

例6.6　字符串连接示例

```
declare @ a char(3), @ b char(5), @ c int;
select @ a ='abc', @ b ='selec', @ c =100
select @ a +@ b as j ——将两字符串连接起来,给予别名"j"
    select @ a +@ b +convert( char(10), @ c) ——将整形变量@ c 通过 convert 函数转换为 char(10)字符串后连接;不能直接连接
```

管理科学与工程类专业应用型本科系列规划教材

7. 一元运算符

一元运算符有"＋"（正）、"－"（负）和"～"（按位取反）三个。

例 6.7 求整数 5 的按位取反值。

declare @ num1 tinyint ——为避免出现负值选 tinyint 类型数据，对应 8 位二进制数
set @ num1 ＝ 5 ——二进制数为 00000101
select ～@ num1

结果：十进制数为 250，二进制数为 11111010。

所有"～"运算都是针对二进制数而言，因此计算时先转化为二进制数；

二进制数的位数决定了取反后值的大小，一般为 8 位（1 字节）。

8. 运算符优先级

当使用多个运算符来组成表达式，优先级较高的运算符会优先做运算（表 6.11）。如果希望某部分能够优先运算，那么可用小括号括起来。如果有多层小括号，则在内层的算式优先。比如"3 ＊（6 ／（4 － 2））"，结果为 9。

表 6.11 T-SQL 运算符的优先级

级别	运算符
1	～（位非）
2	＊（乘）、／（除）、%（取模）
3	＋（正）、－（负）、＋（加）、＋（连接）、－（减）、&（位与）、＾（位异或）、｜（位或）
4	＝，＞，＜，＞＝，＜＝，＜＞，！＝，！＞，！＜（比较运算符）
5	NOT
6	AND
7	ALL、ANY、BETWEEN、IN、LIKE、OR、SOME
8	＝（赋值）

当一个表达式中的两个运算符有相同的优先级时，则根据它们在表达式中的位置来决定。一般而言，一元运算符按从右向左的顺序运算，比如"－ ～ 5"先算"～ 5"之后再求负"－"。二元运算符按从左到右进行运算。

6.3 流程控制语句

6.3.1 BEGIN...END 语句

使用 BEGIN 和 END 关键字作为前后边界可以组成语句块，也就是多条 Transact－SQL 语句组成的代码段，从而可以执行一组语句。BEGIN...END 语句块通常包含在其他控制流程中，用来完成不同流程中有差异的代码功能。

例 6.8 BEGIN...END 语句。

```
declare @ count int
select @ count = 0
while @ count < 3
begin
    print 'count = ' + convert(varchar(10), @ count)
    select @ count = @ count + 1
end
print 'loop finished, count = ' + convert(varchar(10), @ count)
```

执行结果：

count = 0

count = 1

count = 2

count = 3

loop finished, count = 10

6.3.2　IF...ELSE 语句

IF...ELSE 语句用于在执行一组代码之前进行条件判断，根据判断的结果执行不同的代码。IF...ELSE 语句对布尔表达式进行判断，如果布尔表达式返回为 TRUE，则执行 IF 关键字后面的语句块；如果布尔表达式返回 FALSE，则执行 ELSE 关键字后面的语句块。ELSE 也可以不用。

语法：

IF Boolean_expression

　　　{ sql_statement | statement_block }

[ELSE

　　　{ sql_statement | statement_block }]

例 6.9　IF...ELSE 语句。

```
declare @ score int
set @ score = 100
if @ score > = 60
    print '及格'
else
    print '不及格'
```

6.3.3　CASE 语句

CASE 语句是多条件分支语句，相比 IF...ELSE 语句，CASE 语句进行分支流程控制可以使代码更加清晰，易于理解。CASE 语句根据表达式逻辑值的真假来决定执行的代码流程。

语法：

```
CASE input_expression
    WHEN when_expression THEN result_expression ［ …n ］
        ［ ELSE else_result_expression ］
END
```

以及：

```
CASE
    WHEN Boolean_expression THEN result_expression ［ …n ］
        ［ ELSE else_result_expression ］
END
```

例 6.10　CASE 语句。

```
declare @ score int
set @ score = 100

select case
            when @ score ＞ = 90 then ' 优秀 '
            when @ score ＞ = 80 then ' 良好 '
            when @ score ＞ = 70 then ' 中等 '
            when @ score ＞ = 60 then ' 及格 '
            else ' 不及格 '
        end
        as ' 成绩 '
```

6.3.4　WHILE 语句

WHILE 语句根据条件重复执行一条或多条 T-SQL 代码，只要条件表达式为真，就循环执行语句。可以使用 BREAK 和 CONTINUE 关键字在循环内部控制 WHILE 循环中语句的执行。

语法：

WHILE Boolean_expression

｛ sql_statement ｜ statement_block ｜ BREAK ｜ CONTINUE ｝

参数：

（1）Boolean_ expression：返回 TRUE 或 FALSE 的表达式。如果布尔表达式中含有 SELECT 语句，则必须用括号将 SELECT 语句括起来。

（2）｛sql_statement｜ statement_ block｝：Transact－SQL 语句或用语句块定义的语句分组。若要定义语句块，需使用控制流关键字 BEGIN 和 END。

（3）BREAK：中断本层 WHILE 循环。将执行出现在 END 关键字（循环结束的标记）后面的任何语句。

（4）CONTINUE：使 WHILE 循环重新开始执行，忽略 CONTINUE 关键字后面的任何语句。

例 6.11　声明变量数据类型并赋值，用 WHILE 语句进行判断，当符合条件则重新循环或退出循环。

```
declare @ i int
set @ i=1
while @ i< =10              /*  循环条件 * /
    set @ i=@ i+1
select @ i                 /*  输出结果 * /
go
```

6.3.5　WAITFOR 语句

语法：

WAITFOR
{
    DELAY 'time_to_pass'
|　TIME 'time_to_execute'
|　[（receive_statement）|（get_conversation_group_statement）]
    [，TIMEOUT timeout]
}

参数：

（1）DELAY：指定了等待的时间段。不能指定天数，只能指定小时数、分钟数和秒数。允许延迟的最长时间为 24 小时。

    waitfor delay '01：00'

将运行 WAITFOR 语句前的任何代码，然后到达 WAITFOR 语句，停止 1 小时，之后继续执行下一条语句中的代码。

（2）TIME：指定到达指定时间的等待时间。

    waitfor time '01：00'

将运行 WAITFOR 语句前的任何代码，然后到达 WAITFOR 语句，直到凌晨 1 点停止执行，之后执行 WAITFOR 语句后的下一条语句。

例 6.12　综合练习：使用迭代方式实现 10 的阶乘，并将其打印出来（使用 print）。

解决步骤如下：

（1）声明储存阶乘结果的变量 r 和将要在循环中依次代表 1，2，3，…，10 的变量 i；

（2）首先令 r 为 1 的阶乘的值（也就是 1），i 为 1，循环执行下述语句，直到 i>10：

①令 r=r*i（r*i 即为 i 的阶乘，将这个值赋给 r，则 r 现在等于 i 的阶乘）；

②令 i=i+1。

（3）输出 r 的结果即为 10！。

代码：

```
—使用迭代方式实现 10 的阶乘
declare @ factorial bigint
```

```
declare @ i int
set @ factorial =1   ——阶乘值的初始赋值为 1,因为 1 的阶乘等于 1
set @ i =1
while @ i <  =10
begin
    set @ factorial =@ i* @ factorial
    set @ i =@ i +1;
end

print 'the factorial of 10 is   ' +convert( char( 40), @ factorial)
go
```

6.4　函数

6.4.1　用户自定义函数

可以使用 CREATE FUNCTION 语句定义自己的 Transact – SQL 函数,是由一个或多个 Transact – SQL 语句组成的子程序。

可以使用用户自定义函数来传递 0 个或多个参数,可返回一个简单的数值,或一组数据。用户自定义函数语法格式为

CREATE FUNCTION <函数名> (参数 AS 数据类型)
  RETURNS 输出数据类型
  [AS]
  BEGIN
函数内容
    RETURN 表达式
  END

此处的 AS 加了方括号表示可以省略。函数创建好之后可以调用,有两种调用方法:

● Select:调用函数必须加上所有者参数 dbo(是每个数据库的默认用户,具有所有者权限);Select 在执行函数之后还会显示函数结果。

● Execute:调用函数不使用括号,无需加上所有者参数 dbo,在执行之后不显示结果,可简写为"exec"。

删除函数则使用语句:

Drop function <函数名>

用户自定义函数的具体细节可查询 SQL 帮助文档,本文只给出示例。

例 6.13　定义一个用来计算员工奖金的函数,并使用该函数输出员工的奖金。

```
create function bonus( @ salary as money)
    returns money
```

```
as
begin
    return(@salary * 0.3) —奖金是工资的 30%
end
go
```

创建好的函数可在管理控制器中查看/修改/删除；调用：

```
Select   dbo.bonus(3000) as 奖金  —或
execute bonus 3000
```

例 6.14　将前述求阶乘的内容制作成函数。

```
create function factorial(@ a as int) —输入参数是要计算阶乘的数
returns int
as
begin
    declare @ factorial int
    declare @ i int
    set @ factorial=1  —阶乘值的初始赋值为 1，因为 1 的阶乘等于 1
    set @ i=1
    while @ i< =@ a
    begin
        set @ factorial=@ i* @ factorial
        set @ i=@ i+1;
    end
    return @ factorial
end
go
 —输出
select   dbo.factorial(20)
```

前面说的自定义函数都是标量函数，即函数的 returns 子句指定的输出数据是一种标量数据类型（单个数）。另一种自定义函数：表值函数。如果 returns 子句指定输出的类型为 table（以二维表形式的数据集合），则函数为表值函数。

（表值函数的学习请查阅相关文档。最好在学完第 8 章"数据库查询"后再学习）

6.4.2　系统内置函数

SQL Server 的系统内置函数很多，限于篇幅，此处只对常用的函数略为介绍。

1. 字符串函数

（1）字符转换函数。

➢ ASCII（）：返回字符表达式最左端字符的 ASCII 码值。在 ASCII（）函数中，纯数字的字符串可不用括起来，但含其他字符的字符串必须用单引号括起来使用，否则会出错。

➢ CHAR（）：将 ASCII 码转换为字符。如果没有输入 0 ～ 255 之间的 ASCII 码值，CHA（）返回 NULL。

➢ LOWER（）和 UPPER（）：LOWER（）将字符串全部转为小写；UPPER（）将字符串全部转为大写。

➢ STR（）：把数值型数据转换为字符型数据。

STR（<float_expression>［, length［, <decimal>］］）

length 指定返回的字符串的长度，decimal 指定返回的小数位数。如果没有指定长度，缺省的 length 值为 10，decimal 缺省值为 0。

（2）去空格函数。

➢ LTRIM（）：把字符串头部的空格去掉。

➢ RTRIM（）：把字符串尾部的空格去掉。

（3）取子串函数。

➢ LEFT（）：

LEFT（<character_expression>, <integer_expression>）

返回 character_expression 左起 integer_expression 个字符。

➢ RIGHT（）：

RIGHT（<character_expression>, <integer_expression>）。

返回 character_expression 右起 integer_expression 个字符。

➢ SUBSTRING（）：

SUBSTRING（<expression>, <starting_position>, length）

返回从字符串左边第 starting_position 个字符起 length 个字符的部分。

（4）字符串比较函数。

➢ CHARINDEX（）：返回字符串中某个指定的子串出现的开始位置。

CHARINDEX（<'substring_expression'>, <expression>）

其中 substring_expression 是所要查找的字符表达式，expression 可为字符串也可为列名表达式。如果没有发现子串，则返回 0 值。此函数不能用于 TEXT 和 IMAGE 数据类型。

➢ PATINDEX（）：返回字符串中某个指定的子串出现的开始位置。

PATINDEX（<'% substring_expression%'>, <column_name>）

其中子串表达式前后必须有百分号"%"，否则返回值为 0。

与 CHARINDEX 函数不同的是，PATINDEX 函数的子串中可以使用通配符，且此函数可用于 CHAR、VARCHAR 和 TEXT 数据类型。

（5）字符串操作函数。

➢ QUOTENAME（）：返回被特定字符括起来的字符串。

QUOTENAME（<'character_expression'>［, quote_character］）

其中 quote_character 标明括字符串所用的字符，缺省值为"［］"。

➢ REPLICATE（）：返回一个重复 character_expression 指定次数的字符串。

REPLICATE （character_expressioninteger_expression）

如果 integer_expression 值为负值，则返回 NULL。

➢ REVERSE （）：将指定的字符串的字符排列顺序颠倒。

REVERSE （＜character_expression＞）

其中 character_expression 可以是字符串、常数或一个列的值。

➢ REPLACE （）：返回被替换了指定子串的字符串。

REPLACE （＜string_expression1＞，＜string_expression2＞，＜string_expression3＞）

用 string_expression3 替换在 string_expression1 中的子串 string_expression2。

➢ SPACE （）：返回一个有指定长度的空白字符串。

SPACE （＜integer_expression＞）如果 integer_expression 值为负值，则返回 NULL。

➢ STUFF （）：用另一子串替换字符串指定位置、长度的子串。

STUFF （＜character_expression1＞，＜start_position＞，＜length＞，＜character_expression2＞）

如果起始位置为负或长度值为负，或者起始位置大于 character_expression1 的长度，则返回 NULL 值。

如果 length 长度大于 character_expression1 中 start_position 以右的长度，则 character_expression1 只保留首字符。

2. 时间函数

首要的问题是：如何输入日期？对于 SQL 语言来说直接当成字符串输入即可，例如：'1986 - 6 - 6'，'2009.3.3'。

日期数据类型为 datetime，或 smalldatetime，因此声明一个日期变量的代码为

```
declare @ a datetime
set datetime ='2014 -12 -06'
Print @ a
```

输出的结果是

　　12　6 2014 12:00AM

虽然能看懂，但不太符合中国人的日常习惯。此时可使用 convert 函数将其转换为字符串，并增加一个指定格式的参数，见下例。

例 6.15　带格式输出日期。

```
declare @ a datetime
set @ a ='2014 -12 -06'
print '格式参数 23 对应日期形式：' +convert( varchar, @ a,23) ——2014 -12 -06
print '格式参数 102 对应日期形式：' +convert( varchar, @ a,102) ——2014.12.06
print '格式参数 112 对应日期形式：' +convert( varchar, @ a,112) ——20141206
print '格式参数 111 对应日期形式：' +convert( varchar, @ a,111) ——2014/12/06
```

常用的日期函数：

（1）返回当前的系统时间函数。

GETDATE（）：返回当前的系统时间。

（2）返回日期指定部分的函数。

DAY（date）：返回指定日期 DAY 部分的数值。

MONTH（date）：返回指定日期 MONTH 部分的数值。

YEAR（date）：返回指定日期 YEAR 部分的数值。

示例：

```
declare @ a datetime;
set @ a ='1993 -2 -2';
select year(@ a) as 出生年份, month(@ a) as 出生月份, day(@ a) as   出生日期,
datename(weekday, @ a) as 星期
```

上例中用到了 datename 函数，其使用方式为 datename（＜datepart＞，＜日期变量＞），其中第一个参数 datepart 可取的关键字见表 6.12。

表 6.12　datepart 可取的关键字

关键字含义	关键字	关键字含义	关键字
年	Year 或 yy 或 yyyy	周、日	Weekday 或 dw
季度	Quarter 或 qq 或 q	小时	Hour 或 hh
月	Month 或 mm 或 m	分钟	Minute 或 mi 或 n
日、年	Day of year 或 dy 或 y	秒	Second 或 ss 或 s
日	Day 或 dd 或 d	毫秒	Millisecond 或 ms
周	Week 或 wk 或 ww		

（3）求两日期时间差函数。

DATEDIFF 函数：返回开始日期和结束日期在给定日期部分上的差值。

语法：DATEDIFF（datepart，startdate，enddate）

参数：datepart 指的是计算差值的给定日期部分，它所取的关键字仍然参考表 6.5。startdate 是计算的开始日期，enddate 是计算的终止日期。

例 6.16　某位同学出生日期为 1996 - 11 - 15，请问他活了多少年，多少月，多少天？

```
declare   @ date1 datetime ,@ date2 datetime
set @ date1 ='1996 -11 -15'
set @ date2 =getdate()
select datediff(yy,@ date1,@ date2) as 活的年数,
datediff(mm,@ date1,@ date2)   as 活的月数,
datediff(dd,@ date1,@ date2) as 活的天数
```

（4）日期、时间的加减。

DATEADD 函数：在指定时间的基础上加一段时间，返回新的日期时间值。

语法：DATEADD（datepart，number，date）。

参数：datepart 指的是要增加值的日期部分，它所取的关键字参考前表。

number 指的是在指定日期部分上，要加的一个整型数值。它可取正值也可取负值。正值得到的是之后的日期，负值得到的是之前的日期。

date 代表的是指定的日期时间数据。

返回值即增加值后的日期，与 date 的数据类型相同。

例 6.17　求在 '2009 – 12 – 29' 前一个月和后一个月的日期。

```
declare @ dd datetime
set @ dd ='2009 –12 –29'
select dateadd(mm, –1,@ dd) as 前一个月, dateadd(mm, +1,@ dd) as 后一个月
```

返回的结果是：

前一个月后一个月

1999 – 11 – 29 00：00：00. 000　　　　　2000 – 01 – 29 00：00：00. 000

3. 其他内置函数

（1）数据类型转换函数。

➢ CAST （）。

CAST （ < expression > AS < data_type > ［length］）

➢ CONVERT （）。

CONVERT （ < data_type > ［length］, < expression > ［, style］）

说明：

①data_type 为 SQL Server 系统定义的数据类型，用户自定义的数据类型不能在此使用；

②length 用于指定数据的长度，缺省值为 30；

③把 CHAR 或 VARCHAR 类型转换为诸如 INT 或 SAMLLINT 这样的 INTEGER 类型时，结果必须是带正号或负号的数值；

④TEXT 类型到 CHAR 或 VARCHAR 类型转换最多为 8000 个字符，即 CHAR 或 VARCHAR 数据类型是最大长度；

⑤IMAGE 类型存储的数据转换到 BINARY 或 VARBINARY 类型，最多为 8000 个字符；

⑥把整数值转换为 MONEY 或 SMALLMONEY 类型，按定义的国家的货币单位来处理，如人民币、美元、英镑等；

⑦BIT 类型的转换把非零值转换为 1，并仍以 BIT 类型存储；

⑧试图转换到不同长度的数据类型，会截短转换值并在转换值后显示 " + "，以标识发生了这种截断；

⑨用 CONVERT （）函数的 style 选项能以不同的格式显示日期和时间，style 是将 DATATIME 和 SMALLDATETIME 数据转换为字符串时所选用的由 SQL Server 系统提供的转换样式编号，不同的样式编号有不同的输出格式。

（2）聚集函数。

➢ COUNT （ ∗ ）返回行数；

➢ COUNT （DISTINCT COLNAME）返回指定列中唯一值的个数；

➤ SUM（COLNAME/EXPRESSION）返回指定列或表达式的数值和；

➤ SUM（DISTINCT COLNAME）返回指定列中唯一值的和；

➤ AVG（COLNAME/EXPRESSION）返回指定列或表达式中的数值平均值；

➤ AVG（DISTINCT COLNAME）返回指定列中唯一值的平均值；

➤ MIN（COLNAME/EXPRESSION）返回指定列或表达式中的数值最小值；

➤ MAX（COLNAME/EXPRESSION）返回指定列或表达式中的数值最大值。

（3）代数函数。

➤ ABS（COLNAME/EXPRESSION）取绝对值；

➤ MOD（COLNAME/EXPRESSION，DIVISOR）返回除以除数后的模（余数）；

➤ POW（COLNAME/EXPRESSION，EXPONENT）返回一个值的指数幂；

　　例子：set tmp_float = pow（2，3）--8.00000000

➤ ROOT（COLNAME/EXPRESSION，[INDEX]）返回指定列或表达式的根值；

➤ SQRT（COLNAME/EXPRESSION）返回指定列或表达式的平方根值；

➤ ROUND（COLNAME/EXPRESSION，[FACTOR]）返回指定列或表达式的圆整化值；

➤ TRUNC（COLNAME/EXPRESSION，[FACTOR]）返回指定列或表达式的截尾值。

说明：上两者中 FACTOR 指定小数位数，若不指定，则为 0；若为负数，则整化到小数点左边。

注：ROUND 是在指定位上进行 4 舍 5 入；TRUNC 是在指定位上直接截断。

set tmp_float = round（4.555，2）--4.56

set tmp_float = trunc（4.555，2）--4.55

（4）指数与对数函数。

➤ EXP（COLNAME/EXPRESSION）返回指定列或表达式的指数值；

➤ LOGN（COLNAME/EXPRESSION）返回指定列或表达式的自然对数值；

➤ LOG10（COLNAME/EXPRESSION）返回指定列或表达式的底数位 10 的对数值。

（5）三角函数。

➤ COS（RADIAN EXPRESSION）返回指定弧度表达式的余弦值；

➤ SIN（RADIAN EXPRESSION）正弦；

➤ TAN（RADIAN EXPRESSION）正切；

➤ ACOS（RADIAN EXPRESSION）反余弦；

➤ ASIN（RADIAN EXPRESSION）反正弦；

➤ ATAN（RADIAN EXPRESSION）反正切；

➤ ATAN2（X，Y）返回坐标（X，Y）的极坐标角度组件。

（6）统计函数。

➤ RANGE（COLNAME）返回指定列的最大值与最小值之差 = MAX（COLNAME）- MIN（COLNAME）；

➤ VARIANCE（COLNAME）返回指定列的样本方差；

➤ STDEV（COLNAME）返回指定列的标准偏差。

（7）其他函数。

➢ USER 返回当前用户名；

➢ HEX（COLNAME/EXPRESSION）返回指定列或表达式的十六进制值；

➢ LENGTH（COLNAME/EXPRESSION）返回指定字符列或表达式的长度；

➢ TRIM（COLNAME/EXPRESSION）删除指定列或表达式前后的字符；

➢ COLNAME/EXPRESSION ‖ COLNAME/EXPRESSION 返回并在一起的字符。

【习题】

1. 使用查询分析器计算下列表达式：

① $(100 - 30/4)\%7$；

② 70&4 | 9；

③ 'hello' + ＜你的名字＞ + ', welcome! '；

④ select substring（replace（'广东省江门地区五邑大学', '地区', '市'），7，4）。

2. 用 T-SQL 流程控制语句编写程序，打印出九九乘法表。

3. 用 T-SQL 流程控制语句编写程序，计算 2018 是不是闰年。

4. 将第 3 题编写为函数，输入是年份，输出是"平年"或"闰年"。

5. 编写一个三角形判断函数，输入三个整数，若这三个整数可以作为三角形的三边，则输出三角形的面积；否则输出提示"不是三角形！"。（假设有一个三角形，边长分别为 a，b，c，三角形的面积 S 可由以下公式 $S = \text{SQRT}\,[p\,(p-a)\,(p-b)\,(p-c)]$ 求得，而公式里的 p 为半周长，$p = (a+b+c)/2$）

6. 作家格拉德威尔在《异类》一书中指出："1 万小时的锤炼是任何人从平凡变成世界级大师的必要条件。"假设你现在立志成为一个数据库大师，每天学习 5 小时，那么根据作家的说法，你将在哪一天可能成为大师？建议使用 SQL Server 的时间函数计算。

第 7 章　数据库和表

在完成了数据库的分析、设计工作后，接下来的工作是数据库的实施。本章讲述数据库的物理实施，即数据库和表的创建和修改、删除，以及数据的插入。

在 SQL Server 中，创建和管理数据库可使用 SSMS 的图形工具来完成，也可编写执行 SQL 语句实现。推荐使用后者，因为它更通用和有效。本章对两种方法都会单独描述。

除非特别指明，否则本章及后续内容的图形界面操作同时适用于 SQL Server 2005 和 SQL Server 2010 两个版本。

7.1　数据库的基本概念

7.1.1　数据库存储文件及文件组

数据库（database）是对象的容器，以操作系统文件的形式存储在磁盘上。它不仅可以存储数据，而且能够使数据存储和检索以安全可靠的方式进行。数据库在磁盘上是以文件为单位存储的，由数据文件和事务日志文件组成。一个物理数据库由三种文件组成，分别是：

1. 主数据文件（.ndf）

（1）包含数据库的启动信息，并指向数据库中的其他文件；

（2）存储用户数据和对象；

（3）每个数据库有且仅有一个主数据文件。

2. 次数据文件（.ndf）

（1）也称辅助数据文件，存储主数据文件未存储的其他数据和对象；

（2）可用于将数据分散到多个磁盘上，如果数据库超过了单个 Windows 文件的最大大小，可以使用次数据文件，这样数据库就能继续增长；

（3）可以没有也可以有多个；

（4）名字尽量与主数据文件名相同。

3. 日志文件（.ldf）

（1）保存用于恢复数据库的日志信息；

（2）每个数据库至少须有一个日志文件，也可以有多个。

多个文件还可以组成一个文件组以便于管理。其中主文件组（PRIMARY）包含主数据文件和所有没有被包含在其他文件组中的辅助数据文件，是默认的文件组。

7.1.2　系统数据库

SQL Server 安装好之后，系统中就会存在 4 个系统数据库，作为 SQL Server 运行的基础。这 4 个数据库分别是：

- Master：主控数据库，记录所有系统级信息，定期备份，不能直接修改。
- TempDB：临时数据库，存储用户创建的临时表、存储过程或用户声明的全局变量等。
- Model：模板数据库，用作 SQL Server 实例上创建所有数据库的模板。修改 Model，可以对所有新数据库建立一个自定义的配置。
- Msdb：用于 SQL Server 代理计划警报和作业，是 SQL Server 的一个 Windows 服务。

另外，在有些版本的 SQL Server 中会附带一个示例数据库：AdventureWorks 或 AdventureWorks DW。此数据库基于一个生产公司，以简单、易于理解的方式来展示 SQL Serve 的功能。

7.1.3　数据库对象

SQL Server 的数据库对象主要包括表、约束、视图、索引、存储过程和触发器等。

用户可以给出两种对象名：完全限定对象名和部分限定对象名。

完全限定对象名由 4 个标识符组成：服务器名、数据库名、架构名、对象名。其语法格式为 [[[server.]database.]schema.]object_name，其中 schema 称为架构，为数据库对象的集合。一个用户一般对应一个 schema，该用户的 schema 名等于用户名。

部分限定对象名为在完全限定对象名中省略服务器名称或数据库名称或架构名称，用句点标记它们的位置来省略限定符。

有效格式包括以下几种：

- server.database..object_name　/*省略架构名*/；
- server..schema.object_name　/*省略数据库名*/；
- server...object_name　/*省略数据库和架构名*/；
- database.schema.object_name　/*省略服务器名*/；
- database..object_name　/*省略服务器和架构名*/；
- schema.object_name/*省略服务器和数据库名*/；
- object_name　/*省略服务器、数据库和架构名*/；

7.2　创建、修改、删除数据库（SQL 方式）

7.2.1　创建数据库

SQL 语言中创建数据库的语句为 CREATE DATABASE 语句，最简单的使用方式是：

CREATE　DATABASE　数据库名

这一命令只指定了数据库名，其他所有参数采用默认设置。如果希望指定数据库的物理参数，可增加参数设置语句：

CREATE　DATABASE　数据库名

ON

(

<数据文件定义>

)

LOG ON

(

<事务日志文件定义>

)

更详细定义：

CREATE　DATABASE　数据库名

ON

(NAME =' 数据文件的逻辑名称 ',

FILENAME =' 文件的路径和文件名 ',

SIZE = 文件的初始大小,

MAXSIZE = 文件的最大容量 | UNLIMITED,

FILEGROWTH = 文件的每次增长量)

LOG　ON

(NAME =' 事务日志文件的逻辑名称 ',

FILENAME =' 文件的路径和文件名 ',

SIZE = 文件的初始大小,

MAXSIZE = 文件的最大容量 | UNLIMITED,

FILEGROWTH = 文件的每次增长量)

例 7.1 创建图书管理数据库

```
create database library
on
(name = library,
filenakme ='e: \ 图书管理数据 \ library _data.mdf',
size =3,
maxsize =10,
filegrowth =10%
)
log on
(name =library_log,
filename ='f: \ 图书管理日志 \ library _log.ldf',
size =1 ,
maxsize =2,
filegrowth =10%
)
```

　　SQL Server 中一般总是存在多个数据库，任何时候只有一个是打开（并可用）的，称之为当前数据库。因此数据库创建之后被创建的数据库并不一定是当前数据库，打开并切换至不同数据库可使用下列语句：

　　USE　　<数据库名>

　　另外创建数据库之前一般需确认将要创建的数据库是否已经存在，可通过查看 sys.databases 表中是否有该数据库的名称实现，见例 7.2。

　　例 7.2　查看数据库"school"是否已存在，若已存在则删除该数据库。使用下列语句：

```
if exists (select *  from sys.databases where name = 'school')
        drop database school  — 删除数据库
    go
```

7.2.2　修改和删除数据库

　　对数据库的修改操作使用较少，一般通过图形界面完成。修改数据库可使用：

　　　　Alter database 数据库名

　　　　<相关语法设定与创建时相同>

　　　　go

　　　　删除数据库可使用：

　　　　drop database 数据库名

　　　　go

7.3　创建、修改、删除数据库（图形界面操作）

　　使用图形界面 SSMS 同样可以实现对数据库的创建等操作。主要都是通过调出"对象浏览器"中各对象的弹出菜单进行操作。

7.3.1　创建数据库

　　通过 SQL Server Management Studio 的图形工具创建数据库的步骤：

　　（1）连接数据库服务器，进入 SQL Server Management Studio 主界面。

　　（2）在其"对象资源管理器"窗口中的"数据库"结点上单击右键，选择快捷菜单中的"新建数据库"命令，打开"新建数据库"对话框进行设置。

　　图 7.1 显示了新建数据库对话框，一般而言只需要输入数据库名称即可，也可通过下方的子对话框指定数据库文件的名称、路径、大小等参数；还可通过点击左侧的"选项""文件组"等标签进行数据库属性的其他定制。

图 7.1　"新建数据库"对话框

（3）设置完成后，点击"确定"。

7.3.2　修改和删除数据库

在数据库的右键弹出菜单中选择"属性"，即可对数据库的众多参数进行修改，见图 7.2。

图 7.2　"数据库属性"对话框

删除数据库也很简单，右击要删除的数据库，选择"删除"即可。不过当数据库正在被使用的时候不能删除，因此对想要删除的数据库需要：

（1）确认它不是当前数据库；

（2）保证所有对该数据库的操作都已结束，例如将所有该数据库对象相关的设计窗口关闭；

（3）右键菜单→"删除"。

未完成上述前两个步骤就删除数据库，会等待较长时间后显示"删除失败"对话框，并给出信息，见图 7.3。

图 7.3　"删除失败"信息框

7.4　创建、修改、删除表（SQL 方式）

7.4.1　创建表

表是数据库对象，用于存储实体集和实体间联系的数据。

表是数据库中最基本的组成单元，一般称为"基本表"。它就是我们前面说的关系数据库中"关系"的具体表现。

SQL Server 表主要由列和行构成：

- 列：每一列用来保存对象的某一类属性。
- 行：每一行用来保存一条记录，是数据对象的一个实例。

表的完整性（也就是关系的完整性）体现在三个方面：

- 主键约束体现实体完整性，即主键列不能为空且主键作为行的唯一标识；
- 外键约束体现参照完整性；
- 默认值和规则等体现用户定义的完整性。

设计表时需要确定如下内容：

- 表中需要的列以及每一列的类型（必要时还要有长度）；
- 列是否可以为空；
- 是否需要在列上使用约束、默认值和规则；
- 哪些列作为主键。

创建表的格式：

```
CREATE TABLE（表名）
```

> （列名 1　数据类型列级完整性约束，
> 列名 2　数据类型列级完整性约束，
> 　　　　……
> 列名 n　类型约束，
> 表级完整性约束，……
> ）。

完整性约束实现了列的完整性和表的完整性，常见的有下面几种：

- NULL／NOT NULL：空值／非空值约束，默认非空。
- DEFAULT（30）常量表达式：默认值约束。
- UNIQUE：单值约束。列中不允许出现相同的两个数据。
- PRIMARY KEY：声明本列为主键，等价于非空、单值约束。
- REFERENCES 父表名（主键）：外键约束。
- CHECK（逻辑表达式）：检查约束，取值必须满足逻辑表达式。

在正式的项目中，每列的数据类型一般在需求分析中就已经确定，创建时照搬即可。

示例：在图书管理数据库（Library）中，创建读者表（Reader），读者类型表（ReaderType），图书表（Book）和借阅表（Borrow）。

图书管理系统的数据模型：

ReaderType（TypeID，Typename，LimitNum，LimitDays）

主键：TypeID（其值由系统控制自动增长）

Reader（RID，Rname，TypeID，Lendnum）

主键：RID　外键：TypeID，参考自 ReaderType 表同名属性；

Book（BID，Bname，Author，PubComp，PubDate，Price）

主键：BID

Borrow（RID，BID，LendDate，ReturnDate）

主键：RID，BID，LendDate　外键：RID 和 BID，分别参考自 Reader 表和 Book 表中同名主键。

例 7.3　创建 ReaderType 表。

```
use library
go
create table readertype
(
typeid int not null primary key identity(1,1), —类型编号,主键
typename char(8) null, —类型名称
limitnum int null, —限借数量
limitdays int null —借阅期限
)
go
```

所有列定义被包含在一对圆括号中，从 create 语句开始到结束右括号为止的代码算是

一条语句。对列的约束可以直接写在列名和数据类型之后，以空格分开；每列的定义需要以逗号作为结束符。TypeID 的定义中还采用了自动增量函数 IDENTITY（1，1），表示本列的取值不需要（也不允许）由用户输入，而是由系统自行生成，生成的初始值是 1（对应 identity 函数的第 1 个参数），每次增加 1（对应第 2 个参数）。以下为对 IDENTITY 属性的详细介绍。

IDENTITY 属性可以使表的列包含系统自动生成的数字。这种数字在表中可以唯一标识表的每一行，即表中的每一行数据在指定为 IDENTITY 属性的列上的数字均不相同。指定了 IDENTITY 属性的列称为 IDENTITY 列。当用 IDENTITY 属性定义一个列时，可以指定一个初始值和一个增量。插入数据到含有 IDENTITY 列的表中时，初始值在插入第一行数据时使用，以后就由 SQLServer 根据上一次使用的 IDENTITY 值加上增量得到新的 IDENTITY 值。如果不指定初始值和增量值，则其缺省值均为 1。

表的第二列被指定具有 NULL 属性，因此允许在插入数据时省略该列的值。反之，如果表的某一列被指定具有 NOT NULL 属性，那么插入数据时就不允许在没有指定列缺省值的情况下省略该列的数据。在 SQL Server 中，列的缺省属性是 NOT NULL。要设置缺省属性为 NULL 或 NOT NULL，可以通过 SSMS 管理工具修改数据库属性选项中的 ANSI_NULL _DEFAULT，其值"ON"对应数据库默认设置为 NULL。

例 7.4 创建读者表 Reader。

```
create table reader(
rid int not null primary key    —读者编号,主键
rname char(8) null, —读者姓名
typeid int null foreign key references readertype(typeid)  ,—读者类型
lendnum int null , —限借数量
)
go
```

第三列定义 TypeID 为外键且参考自 ReaderType 表的 TypeID 列。虽然此处外键和被参考的主键同名，但这不是创建外键的必要条件；也就是说，并不要求主键和外键一定要同名。

例 7.5 创建图书表 Book。

```
create table book(
bid char(9) primary key, —图书编号,主键
bname varchar(42) null, —图书书名
author varchar(20) null, —作者
pubcomp varchar(28) null, —出版社
pubdate datetime null, —出版日期
price decimal(7,2) null check ( price > 0)  —定价,检查约束)
go
```

最后一列增加了一个 check 约束，用来限制 price 列的取值不得小于等于 0。

例 7.6 创建图书借阅表 Borrow。

```
create table borrow(
rid char(10) not null foreign key references reader(rid) on delete cascade, /* 删除主
表记录时级联删除子表相应记录* /
bid char(15) not null foreign key references book(bid) on delete no action, /* 删除主
表记录时不级联删除子表相应记录* /
lenddate datetime not null default(getdate()), /* 借期,默认值当前日期* /
returndate datetime null, —还期
primary key(rid, bid, lenddate)) —表级约束,设置主键为多列
go
```

第 1 列定义了外键的同时还指定了外键的行为:"on delete cascade" 表示当主键表中某行的 RID 值删除时,对应外键表中 RID 取相等值所有行也跟着被删除,称为"级联"(cascade)。对外键的行为可从两个方面(on delete、on update)定义,对应的操作可以是级联(cascade)、无操作(No Action)、设置为空(set null)、设置为默认值(set default)(其详细说明可参考 7.5.1 节内容)。不定义外键行为时的默认操作为"no action",也就是删除或更新主键表的数据时,如果该数据已被外键引用,则删除或更新不会被执行(所以是"no action")。具体的语法定义为:

[on delete { no action | cascade | set null | set default }]

[on update { no action | cascade | set null | set default }]

[not for replication] – 不用于复制代理,只用于一般用户事务

通过例 7.4 和例 7.6 我们看到了定义外键的两种方式:例 7.4 的列级约束方式和例 7.6 的表级约束方式。两者的区别在于:表级约束方式需指明被定义的外键是哪一列,而列级约束方式无需指明。此外还有"数据库级"的定义方式,也就是采用"修改表"操作。

例 7.7 通过修改表来定义 Borrow 表的外键。

```
alter table borrow
add constraint my foreignkey constraint —这是可自定义的外键约束名称
foreign key(rid) references reader(rid) on delete cascade
go
```

其中"my foreign key constraint"是对外键的命名,可自行确定。

另外,第 4 列的定义中使用了默认值约束:DEFAULT (getdate ( )),表示该列如果不输入值,则系统以默认值也就是 getdate ( ) 函数的返回值填入(该函数返回当前时间)。

例 7.6 代码中的最后一项是主码的定义。因为该表的主码由多个属性 RID、BID、LendDate 组成,因此无法在列上定义主码,必须采用表级约束的方式实现。这种以表级约束定义主码的方式同样可用于前面单属性主码的定义。

创建表的另一个注意事项是创建多个表的顺序。当一个表中某列是外键时,必须保证外键所对应的来源表(主表)已经存在,否则本表无法创建。前面的 Library 数据库的创建表顺序事实上遵循了这一规律。否则会导致创建失败并得到类似的(红色)错误提示:

消息 1767，级别 16，状态 0，第 17 行

外键 'FK_Reader_TypeID_239E4DCF' 引用了无效的表 'ReaderType'。

消息 1750，级别 16，状态 1，第 17 行

无法创建约束或索引。请参阅前面的错误。

7.4.1　修改和删除表

修改表使用"Alter table 命令"。格式：

```
alter table 表名
(alter column 列名列定义,
add 列名1 类型约束,
drop 列名
…
)
```

其中的"列定义"包括列的数据类型和完整性约束。示例如下：

例 7.8　（修改属性）把表 Book 中 PubComp 的类型 varchar（28）改为 varchar（30）。

```
use library
go
alter table book
alter column pubcomp varchar(30) not null
go
```

例 7.9　（添加列）为表 Reader 添加邮件地址。

```
use library
go
alter table reader
add e-mail varchar(50) null check(e-mail like '% @ % ')
go
```

例 7.10　（删除列）为表 Reader 删除邮件地址。

```
use library
go
alter table reader
drop column e-mail(说明:必须先删除其上的约束。)
go
```

例 7.11　（添加约束）为表 Borrow 添加主键约束（假设还没有创建）。

```
use library
go
alter table borrow
```

```
add primary key(rid, bid, lenddate)
go
```

例 7.12　（删除约束）为表 Borrow 删除主键约束。

```
use library
go
alter table borrow
drop   primary key (rid, bid, lenddate)
go
```

删除表较为简单，其格式为：

DROP TABLE 表名

7.4.2　表中数据操作

创建表之后的工作是往表中插入数据。所有数据都必须一行一行输入，格式：

INSERT　［INTO］（表名｜视图名）［列名表］VALUES（常量表）

例 7.13　插入完整的一行到例 7.4 对应的 Reader 表中（也就是插入所有列的值）

```
insert into reader
values(20160216, '赵成刚', 3, 8)
```

插入后表中内容为（可通过 SQL 查询语句"select ∗ from Reader"得到）

RID	Rname	TypeID	Lendnum
20160216	赵成刚	3	8

注意到各值插入的顺序必须和表中各列的顺序一致；另外上例中的"TypeID"是一个外键，其插入值"3"必须是在主键中已有的值，否则插入失败。

例 7.14　插入一行的部分列到例 7.4 对应的 Reader 表中。

```
insert reader(rid, rname, typeid)
values(20160217, '李亚茜', 3)
go
```

插入后表中内容为（连同上一例插入的数据）：

RID	Rname	TypeID	Lendnum
20160216	赵成刚	3	8
20160217	李亚茜	3	NULL

表中的"NULL"表明该单元格中无数据，是空的，而不是其中的数据为"NULL"字符串。插入部分列成功的前提是：未被覆盖的其他列或者是允许为空的，或者是被设为自动增量的（即具有 Identity 属性，如例 7.3 表 ReaderType 的 TypeID 列）。对于自动增量列，如果故意为它插入数值反而会被数据库拒绝。

修改表中记录可通过 update 命令，格式：

UPDATE 表名 SET 列名 1 = 表达式，…列名 n = 表达式　where 逻辑表达式

例 7.15　把读者类型表 ReaderType 中学生的限借数量 5 本增加 2 本。

```
update readertype
set limitnum = limitnum +2
where typename =' 学生 '
go
```

删除记录可使用 delete 命令，格式：

DELETE 表名 WHERE 逻辑表达式

注意 delete 是删除表中数据，drop 是删除表本身，初学者容易混淆。

例 7.16　删除记录操作：

```
—删除 test 表中的所有记录
use library
go
delete test
—删除 borrow 表中 rid 为 '2005216001' 的读者的借书记录
use library
go
delete reader
where rid ='2005216001'
go
```

7.5　创建、修改、删除表（图形界面操作）

使用图形界面进行表的相关操作，初看起来比使用编码方式更方便，但深入学习之后你会发现其实它是一种相对低效且易错的方式，因此最好以编码方式的学习为核心，以图形界面操作为辅助。当然，很多通过图形界面完成的数据库级的操作，例如创建数据库关系图、修改数据库属性等也有其简便自然的优点。

7.5.1　创建表

创建表可通过数据库的二级目录"表"的右键菜单→"创建表"来完成（对于 SQL Server 2016 是"表……"菜单），会出现表设计器界面，如图 7.4 所示。

表设计器上方是列定义对话框，三列分别是输入列名、通过下拉选择列数据类型、通过钩选确定是否为空。下方的"列属性"框可以对列进行更复杂的定义，其中常用的包括"默认值或绑定"（为该列定义默认值）、标识规范（为该列设置 identity 自动增量属性）等。右击表设计器的标签会有"保存"等弹出菜单供使用。

右键单击列定义对话框最左侧的黑色三角图标可调出表设计右键菜单，如图 7.5 所示。

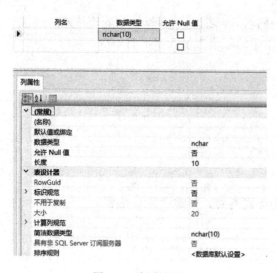

图 7.4　表设计器

图 7.5　列定义菜单

通过列定义菜单可定义主键、外键、check 约束等。

定义主键：点击"设置主键"菜单即可定义当前列为主键。

定义外键：点击"关系（H）"菜单，调出"外键关系"对话框，如图 7.6 所示。

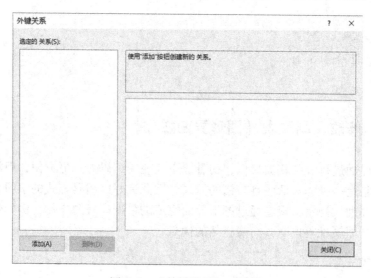

图 7.6　"外键关系"对话框

例 7.17　试通过图形界面操作，定义例 7.6 Borrow 表 RID 为外键。

（1）在 Borrow 表设计器定义列名为 RID，数据类型为 char（10），不允许空。

（2）右击表设计器的标签弹出菜单，选择第一项，并将表保存为"Borrow"（这一步只是为了确定表名以供后续使用）。

（3）通过右键调出图 7.6"外键关系"对话框。

（4）单击"添加"，弹出"新建外键"对话框（图 7.7）。

（5）单击"表和列规范"然后单击该行右侧的"…"按钮，弹出"表和列"对话框（图 7.8）。

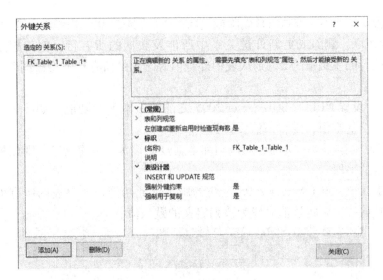

图 7.7　"新建外键"对话框

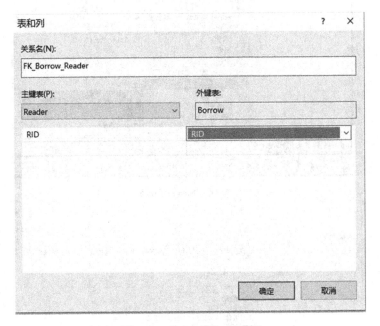

图 7.8　"表和列"对话框

（6）选择主键表为 Reader 表，主键为 RID；外键表为 Borrow 表，外键为 RID。此处必须保证主键和外键的数据类型相同，否则可能无法建立外键。外键名可采用默认值，亦可自行定义。

（7）点击"确定"按钮，回到上一界面；点击"INSERT 和 UPDATE 规范"左侧图标可对外键行为进行定义（图 7.9），其下拉列表各项的含义为

- 无操作/不执行任何操作。此项的含义并不是放任删除或更新而不做出反应，而是指"更新或删除将得不到执行"。当在删除或更新主键表的数据时，将显示一条错误信

息，告知用户不允许执行该删除或更新操作，删除或更新操作将会被"回滚"①。

- 层叠/级联。删除或更新外键关系中所涉及数据的所有行。例如删除了主表的某行，该行的主键值为 5，则从表中外键值等于 5 的所有行都将被删除，更新操作也是如此。
- 设置空/设置 NULL。SQL Server 2005 之前的版本无此功能。如果表的所有外键列都可以接受空值，则将该值设置为空。

（补充说明：要将外键的删除规则和更新规则设为"设置空"，则该外键必须是可以为空的字段。）

- 设置默认值。SQL Server 2005 之前的版本无此功能。如果表的所有外键列都已定义了默认值，则将该值设置为该列定义的默认值。

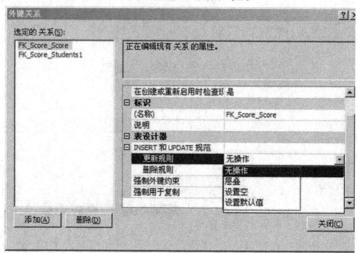

SQL Server 2005

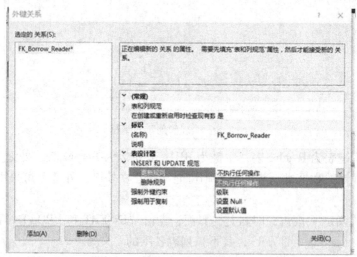

SQL Server 2016

图 7.9　更新和删除规则的确定

---

① "回滚"即 roll back，指的是撤销最近执行的操作，系统返回到操作前的状态。

（补充说明：要将外键的删除规则和更新规则设置为"设置默认值"，该外键必须是有默认值的字段。）

另外，注意到"INSERT 和 UPDATE 规范"下方的"强制外键约束"的默认选择为"是"[①]，如果改为"否"，则外键约束将失去作用。

（8）保留其他设置为默认，点击"关闭"完成定义。

7.5.2 修改、删除表

修改和删除表都可以使用表的右键菜单来完成，修改表的步骤如下：

（1）在【对象资源管理器】窗口中，展开"数据库"节点；

（2）展开所选择的具体数据库节点，展开"表"节点；

（3）右键单击要修改的表，选择"修改"命令（SQL Server 2005）或"设计"命令（SQL Server 2016）。

进入表设计器即可进行表的定义的修改（图 7.4）。

删除表可通过右键菜单→"删除"完成。具体步骤：

（1）在"对象资源管理器"窗口中，展开"数据库"节点；

（2）展开所选择的具体数据库节点，展开"表"节点；

（3）右键单击要删除的表，选择"删除"命令或单击"Delete"键。

7.5.3 表中数据操作

表创建完成之后即可打开表并插入数据。右键单击要插入数据的表，选择"打开表"项（SQL Server 2005）或"编辑前200行"项（SQL Server 2016）即可打开表并填入数据（图 7.10）。

RID	Rname	TypeID	Lendnum
1	🚫 NULL	NULL	NULL
NULL	NULL	NULL	NULL

图 7.10 查看并插入数据对话框

图 7.10 是在 Reader 表插入数据时展现的界面，将合法的数据一一填入即可。如果一行的数据尚未全部填好就退出，则该行被填入的部分数据将不被保存。这些可能不被保存的数据的右侧将显示红色的惊叹号图标，如图中 RID 列的第一行所示。如希望提前保存可直接按回车。

修改或删除记录只需打开表即可进行：右键单击要修改记录的表，选择"打开表"项

---

① "强制外键约束"的含意：对关系中列数据的更改将破坏外键关系的完整性，是否允许进行这些更改。如果不允许进行这些更改，则选择"是"，如果允许进行这些更改，则选择"否"。另外，该选项下方的"强制用于复制"表示：将表复制到另一个数据库中时是否强制该约束。

（SQL Server 2005）或 "编辑前 200 行" 项（SQL Server 2016）即可修改；如要删除某行，右键单击要删除的行，选择 "删除" 命令即可。

7.5.4　数据库关系图

数据库中还可以创建 "数据库关系图" 以直观地查看表的结构和表间的关系。右键单击数据库对应的子文件夹 "数据库关系图"，如果从未创建过关系图，会弹出提示框（图 7.11）。点击 "是" 之后出现 "添加表" 对话框（图 7.12），将需要的表添加之后点击 "关闭" 按钮，则得到数据库关系图，如图 7.13 所示。

图 7.11　第一次创建数据库关系图

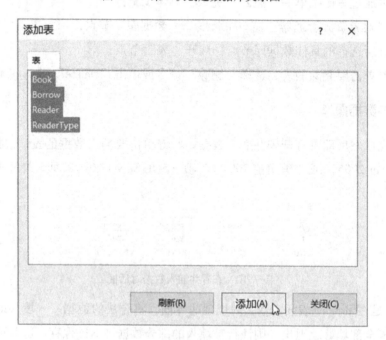

图 7.12　"添加表" 对话窗口

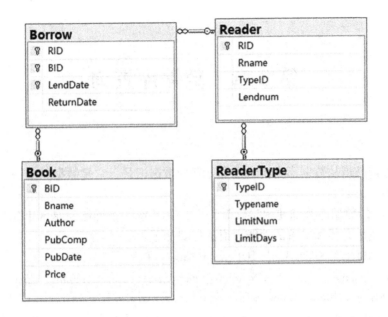

图 7.13　数据库 Library 关系图

数据库关系图不但显示了各表的内容，而且还显示了各表的外键联系。例如图 7.13 中 Borrow 表和 Reader 表之间有一条"钥匙链"且"钥匙"指向 Reader 表，表明 Reader 表中的主键被参照，作为 Borrow 表的外键，也就是说"钥匙"指向的表为主表。

【习题】

1. 请将第 3 章习题 1 的关系模式创建为"餐厅管理"数据库，并建立相应的表，设计各列的数据类型。注意"点菜记录""做菜记录"表中各包含两个外键。

2. 学校有多名学生，财务处每年要收一次学费。设计一个"学费管理"数据库，包括两个关系：

* 学生（学号，姓名，专业，入学日期）；
* 收费（学年，学号，学费，书费，总金额）。

假设规定属性的类型：学费、书费、总金额为数值型数据，学号、姓名、学年、专业为字符型数据，入学日期为日期型数据；列的宽度自定义。试用 SQL 语句定义上述表的结构。（定义中应包括主键子句和外键子句）

第 8 章 数据库查询

数据库查询是指从数据库中检索符合条件的数据记录，它是数据库中一个最重要也是最基本的功能。

SQL Server 的数据库查询使用 T-SQL 语言，其基本的查询语句是 SELECT 语句。该语句具有灵活的使用方式和丰富的功能。语法格式如下：

SELECT［ALL｜DISTINCT］［TOP ＜operator＞］

［＜column_ name＞］［AS ＜column_ name＞］［，［＜column_ name＞］＜Select operator＞［AS＜column_ name＞］...］

FORM［＜database_ name＞］＜table_ name＞［［AS］Local_ Alias］［［INNER｜ LEFT［OUTER］｜RIGHT［OUTER］｜FULL［OUTER］

JOIN［＜database_ name＞］＜table_ name＞［［AS］Local_ Alias］［ON＜连接条件＞］］

［INTO ＜select＞｜TO FILE ＜file_ name＞［ADDITIVE］

｜TO PRINTER［PROMPT］｜TO SCREEN］

［PREFERENCE PreferenceName］［NOCONSOLE］［PLAIN］［NOWAIT］

［WHERE ＜operator 1＞［AND ＜operator 2＞...］［AND｜OR ＜operator＞...］］

［GROUP BY ＜operator＞］［，＜operator ＞...］］

［HAVING］＜operator＞］

［UNION［ALL］＜SELECT column_ name＞］

［ORDER BY ＜column_ name＞［ASC｜DESC］［，＜column_ name＞

我们并不需要从如此复杂的语法说明入手学习，但它展现了 SELECT 的强大和灵活。

8.1 查询环境准备

查询肯定是针对某个数据库的，为了更好演示查询语句的效果，我们首先建立查询所需的数据库环境。

使用本教材书末附件记载的脚本建立一个完整的"学生成绩管理系统"数据库，方法如下：

（1）将脚本完整输入到查询编辑器；

（2）不选中编辑器中任何文字，点击"执行"按钮即可。

所建立的数据库包含四个表，关系图如图 8.1 所示（图中未包含与其他表无联系的"用户表"）。

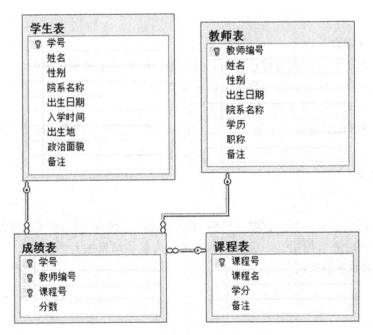

图 8.1　学生成绩管理系统数据库关系图

8.2　单表查询

顾名思义，单表查询是只针对一个表的查询。

1．选择列

（1）选择指定列。

选择列指的是选择一个表中的部分列，各列名之间用逗号隔开。

例 8.1　查询所有学生的学号、姓名与出生地。

```
select 学号,姓名,出生地
from 学生表
go
```

该语句的执行可以简单理解为将学生表中指定的学号、姓名与出生地三列原样提取出来组成新的表，作为 SELECT 的结果。其真正的过程是：从学生表中取出一个元组，再取出该元组在属性"学号""姓名""出生地"上的值，形成一个新的元组作为输出；对表中所有元组依次做相同的处理，最后形成一个结果表作为输出。

（2）选择所有列。

选择所有列指的是选择一个表中的全部列。可以将所有列名都列出，各列之间用逗号隔开，也可以使用符号"＊"。

例 8.2　查询所有教师信息。

```
select *
from 教师表
```

```
go
```

（3）定义列别名。

查询结果默认输出的列名都是建表时的列名，但有时用户希望查询结果输出时，按自己指定的列名显示，这可通过为列定义别名来实现。

SELECT 语句使用 AS 关键字来定义别名。

例 8.3　查询所有课程的名称、编号、学分，各列别名分别是 name、ID、creditId。

```
select 课程名 as name,课程号 as ID,学分 as credit
from 课程表
go
```

事实上该例的"as"可以省略，只要列名和别名之间有空格即可。另外使用 SELECT 显示变量或函数时亦可使用这一定义别名的方式为显示结果加上"标题"。

例 8.4　显示现在的时间。

```
select getdate() as '今天此时'
go
```

（4）查询经过计算的值。

在对表进行查询时，有时希望对所查询的某些列使用表达式进行计算。SELECT 语句支持表达式的使用。

例 8.5　显示所有学生的姓名和年龄。

```
select 姓名,年龄 = year(getdate()) - year(出生日期)
from 学生表
go
```

例中使用了 year 函数获取日期数据中的年份，并通过当前年份减去出生年份来获得年龄。

例 8.6　查询所有学生的分数信息，如果分数大于等于 80，则为"优秀"；大于等于 60，则为"及格"；小于 60，则为"不及格"。使用 CASE 函数给每个学生的分数设定等级。

```
select 学号,课程号,分数,等级 =
case
when 分数 >=80 then '优秀'
when 分数 >=60 then '及格'
else '不及格'
end
from 成绩表
go
```

2. 选择行（元组）

选择行指的是通过限定返回结果的行组成结果表。选择行可以和选择列一起使用。

（1）消除重复行。

在对表进行查询时，有时查询结果有许多重复行。SELECT 语句使用 DISTINCT 关键字消除结果中的重复行。

例 8.7　查询所有学生的出生地。

```
select distinct 出生地
from 学生表
go
```

DISTINCT 关键字对后面的所有列消除重复行，如果没有"distinct"，上例的结果将会出现很多相同出生地。一个 SELECT 语句中 DISTINCT 只能出现一次，而且必须放在所有列名之前。

（2）查询满足条件的行。

SELECT 语句中 WHERE 子句是最常用、最重要的条件子句，可以在 WHERE 子句中指出查询的条件，系统会找出符合条件的结果。

例 8.8　查询教师编号为 3 的教师的所有信息。

```
select *
from 教师表
where 教师编号 ='3'
go
```

注意到教师编号的数据类型是"char（5）"，即字符串，因此在引用其值时最好用单引号将值"3"括起来。如果不用单引号，则系统会尝试将其转化为字符串后再参与逻辑运算，虽也不会出错，但不规范。

例 8.9　查询 3 号课程分数大于 80 的学生的学号、课程号和分数。

```
select 学号,课程号,分数
from 成绩表
where 分数 >80 and 课程号 =3
go
```

此处使用了两个选择条件，我们用"and"将它们连接起来。两个条件的先后顺序不影响结果。

例 8.10　查询 1 号、2 号、3 号课程分数大于 80 的学生的学号、课程号和分数。

```
select 学号,课程号,分数
from 成绩表
where 分数 >80   and（课程号 =1 or 课程号 =2 or 课程号 =3）
go
```

所查询的课程号有多个，因此用"or"将其连接，形成"或"逻辑。

（3）限制取值。

在查询数据时，如果条件较多（如例 8.10），需使用多个 OR 运算符，这样就使代码显得冗长。T-SQL 提供了 IN 关键字来取代多个 OR 运算符，如果表达式的取值与"IN"所引导的值集合中的任意一个值匹配即返回 TRUE。

例 8.11 使用 IN 关键字完成例 8.10 的查询操作。

```
select 学号,课程号,分数
from 成绩表
where 分数 >80   and 课程号 in(1,2,3)
go
```

使用 IN 关键字可以限制取值在给定的集合内。如果需要限制取值在给定范围，可以使用 BETWEEN 关键字。

例 8.12 查询学习了课程号为 1 的课程，且分数在 80～90 之间的学生的学号和分数。

```
select 学号,分数 from 成绩表
where 分数 between 80 and 90
and 课程号 =1
go
```

从查询结果可知，使用 BETWEEN 关键字对应的取值范围将包含指定的下限和上限，相当于"≥"和"≤"符号的连用。

（4）限制结果行数以及排序。

如果 SELECT 语句返回结果有很多行，可以使用 TOP 关键字限定返回行数。关键字 TOP 后可以是常数，也可以是数值表达式。语法：

TOP n［PERCENT］

其中，n 表示返回结果的前 n 行，n［PERCENT］表示返回结果的前 n% 行。

例 8.13 查询学生表中前 10 名学生的信息。

```
select top 10 *
from 学生表
go
```

虽然这样可以得到前 10 名学生信息，但并未明确排序的依据；SQL Server 默认以列名的先后、字段的字典排序作为排序依据。如果希望自行确定排序依据，则可以使用排序关键词"order by"，其语法为：

order by｛order_by_expression［ASC｜DESC］｝［,...n］

其中 ASC 表示升序排列（ASCEND），DESC 表示降序排列（DESCEND）。

例 8.14 查询选修了 1 号课程的学生，分数从高到低排列；分数相同时按学号从低到高排列。

```
select 学号,分数
from 成绩表
where 课程号 =1
order by 分数 desc,学号 asc
go
```

（5）模式匹配。

在查询某些字符串数据时，有时并不需要查询精确内容，只需要具有一定特征的字符串。将要查询的特征通过通配符以"模式"表达，T-SQL 提供了 LIKE 关键字实现模式匹配查询。LIKE 关键字只能用于匹配字符串数据，语法格式：

［Not］Like <匹配字符串>

匹配字符串中可以使用通配符代表某一类字符串，常见的通配符见表8.1。

表 8.1　Like 模式匹配的通配符

通配符	说明	示例
%	代表任意长度字符串（0个或多个字符）	a%b 表示以 a 开头、以 b 结尾的任意长度字符串，例如 'ab', 'acb', 'aefgb'
_	代表 1 个任意字符	a_b 代表以 a 开头、以 b 结尾、中间一个字符的字符串，如 'acb', 'afb'
[ ]	匹配集合中任意单个字符	[abcd] 代表 a、b、c、d 四个字符中任意一个（皆可）
[^]	不允许集合中任意单个字符	[^abcd] 代表非 a、b、c、d 的任意字符

例8.15　查询姓"章"的女生的信息。

```
select *
from 学生表
where 姓名 like '章%'
go
```

例8.16　查询教师表中，不姓章也不姓张的教师编号和姓名。

```
select *
from 教师表
where 姓名 like '[^章张]%'
 —或
 — where 姓名 not like '[章张]%'
go
```

例8.17　查询教师表中，不论姓还是名中都不包含"张"的教师。

```
select *
from 教师表
where 姓名 notlike '%张%' —任何包含张的字符串都被否定
go
```

对于此例，一种常见的错误解法是将条件子句写成：

```
where 姓名 like '%[^张]%'
```

该条件实际匹配的是"所有包含非'张'字符的任意长度字符串",因此除非由 1 个或多个"张"组成的字符串,其他任何字符串都可匹配。

例 8.18 查询学生表中,姓"赵"且姓名是三个字的学生信息。

```
select *
from 学生
where 姓名 like '赵%' and len(姓名)=3
go
```

此例的条件子句如果使用通配符"_"则可能出错,形如:

```
where 姓名 like '赵__'(__ 两个下划线连用)
```

原因在于,数据库字符集为 ASCII 时一个汉字需要两个"_"代表,字符集为 GBK 时只需要一个"_"代表。在未清楚数据库采用何种字符集的情况下用下划线代表确定数目的字符很易犯错;而采用 len 函数则不存在此类问题,该函数会将 ASCII 字符或 GBK 字符都视同"1 个"字符[①]。

(6)空值处理。

当需要判断一个表达式或表的数据是否为空,T-SQL 提供了 IS NULL 或 NULL 关键字来判断。

例 8.19 查询成绩表中分数为空的学生的学号、课程号。

```
select 学号,课程号
from 成绩表
where 分数 is null
go
```

3.聚集函数

聚集函数就是对数据的集合进行统计,常见的聚集函数见表 8.2。

---

① 查询数据库所采用的字符集可以使用如下语句:
SELECT COLLATIONPROPERTY ('Chinese_PRC_Stroke_CI_AI_KS_WS', 'CodePage')
查询得到的数字与字符集的对应关系如下:
936 简体中文 GBK
950 繁体中文 BIG5
437 美国/加拿大英语
932 日文
949 韩文
866 俄文
65001 unicode UFT-8

表8.2　聚集函数

函数名称	说明
AVG	求平均值
Count	自变量为列名时统计该列有多少行，自变量为"＊"时统计结果表有多少行
Max	求最大值
Min	求最小值
Sum	求和
Stdev	求标准差
Var	求方差

例 8.20　统计所有课程学分的总分、平均分、最高分和最低分。

```
select sum(分数),avg(分数),max(分数),min(分数)
from 成绩表
where 课程号 =5
go
```

例 8.21　统计计算机学院学生的人数。

```
select count(＊),count(出生地)
from 学生表
where 院校名称 ='计算机学院'
go
```

这里的"count（＊）"可以理解为对语句"select ＊ from 学生表 where 院校名称 =
'计算机学院'"的执行结果统计行数，"count（出生地）"同样可以理解为对语句"select
出生地 from 学生表 where 院校名称 ='计算机学院'"的执行结果统计行数。"count
（＊）"和"count（出生地）"的区别在于，如果学生表中某些行的"出生地"字段为空，
则后者的值会小于前者的值。

4. 分组统计

使用聚集函数可以统计数据，但有时需要统计不同类别的数据，也就是对数据进行分
组统计；T-SQL 提供了 GROUP BY 子句对查询结果分组。语法：

SELECT select_list
FROM table_name
WHERE condition
GROUP BY column_name
［ HAVING condition ］ __对分组后的数据再次筛选

例 8.22　统计每门课程的最高分、最低分和平均分，并按平均分从高到低排序输出。

```
select 课程号,max(分数) as max,min(分数) as min ,avg(分数) as avg
from 成绩表
```

```
group by 课程号
order by avg desc
go
```

例 8.23 统计每个出生地的男女生人数，并按人数从高到低排序输出。

```
select 出生地,性别,count( * )
from 学生表
group by 出生地,性别
order by count( * ) desc
go
```

需要注意，分组的依据列必须作为被查询的列，也就是"group by"后面的列必须在"select"后面出现。另外可以使用"Having"对分组结果再选择（丢弃不满足条件的分组）。

例 8.24 查询选修（并参加了考试的）人数多于 5 人的课程号和人数。

```
select 课程号,count( 课程号) as 选课人数
from 成绩表
group by 课程号
having count( * ) >5
go
```

注意这里的"having"子句中的"cont（ * ）"不能用"选课人数"代替。

8.3 连接查询

1. 等值连接

连接指的是通过限定返回结果，将多个表的数据组成结果表，使得用一个 SELECT 语句可从多个表中查询数据。连接对结果没有特别的限制，具有很大的灵活性。

T-SQL 提供了两种连接方式：传统连接方式和 SQL 连接方式。

SQL 连接：用关键词 JOIN 进行连接。语法格式：

```
SELECT select_list
FROM < table_name > JOIN < table_name > [ JOIN < table_name >...]
ON condition
WHERE condition
```

例 8.25 查询张晓晨老师教授了几门课程。

经分析可以发现"张晓晨"是教师姓名，在"教师表"中；而教师教授课程的信息在"成绩表"中，因此无法通过单独查询教师表或成绩表来获得结果。解决方法就是：通过等值连接将两个表连接成为一个大表，然后从这个大表中查询姓名为"张晓晨"的教师对应的课程数。

```
select 姓名,count( * )
```

```
from 成绩表 join 教师表
on 成绩表.教师编号 ＝教师表.教师编号
where 姓名 ='张晓晨'
go
```

例 8.26　查询张晓晨教师的课程被学生选修的情况，包括学生姓名、课程名、分数。

教师姓名在教师表中，学生姓名在学生表中，课程名在课程表中，分数在成绩表中。因此要获得查询结果需要将这四个表以等值连接方式连接起来。

```
select 学生表.姓名,课程名,分数
from 学生表 join 课程表 join 成绩表 join 教师表
on 教师表.教师编号 ＝成绩表.教师编号
on 课程表.课程号 ＝成绩表.课程号
on 学生表.学号 ＝成绩表.学号
where 教师表.姓名 ='张晓晨'
go
```

注意事项：

（1）"select"子句中"姓名"列增加了前缀"学生表"以说明该列的来源表。之所以要增加表名前缀，是因为四表连接后的大表中存在两个"姓名"列，另一个"姓名"列来自教师表。如果在"select"子句中不指定"姓名"来自哪个表，查询将无法进行，系统给出提示信息：

　　　列名'姓名'不明确

"课程名""分数"两列则不需要增加表名前缀，因为四表连接后的大表中依然只存在唯一的"课程名"列和"分数"列。

（2）三个 ON 子句的顺序是不能改变的，改变其中任何两个的前后次序都会发生错误，显示提示信息：

　　　无法绑定由多个部分组成的标识符"课程表.课程号"

出错的原因在于，系统每次都是将两个表进行连接，连接时需要针对被连接的两个表的提供连接条件。例 8.26 中的连接顺序是：首先以成绩表 JOIN 教师表，其次以课程表 JOIN 前次连接的两连表，最后以学生表 JOIN 前次连接的三连表。每次连接都必须获得对应的连接条件，所以 ON 子句的顺序必须符合表连接的次序。

多表连接时需要仔细考虑连接条件的加入顺序，因此它既容易出错又无谓地增加查询难度。采用一种简易的方式可以解决这个难题：将 JOIN 和 ON 交替使用，而不是分批使用。

例 8.27　以改进的方式完成例 8.26 的查询。

```
select 学生表.姓名,课程名,分数
from 成绩表 join 教师表
on 教师表.教师编号 ＝成绩表.教师编号
join 课程表
on 课程表.课程号 ＝成绩表.课程号
```

```
join 学生表
on 学生表.学号 = 成绩表.学号
where 教师表.姓名 =' 张晓晨 '
go
```

如此每连接一个表增加一个对应连接条件，再连接下一个表，并增加与下一个表对应的连接条件，不再需要考虑多个 ON 子句的先后顺序问题。

另一种连接方式称为传统连接，它取消了 JOIN 和 ON 关键字，用逗号（隐式的）表达 "join" "on" 子句则直接作为连接条件之一合并到 WHERE 条件子句中去。

例 8.28　以传统连接方式完成例 8.26 的查询。

```
select 学生表.姓名,课程名,分数
from 学生表,课程表,成绩表,教师表
where 教师表.教师编号 = 成绩表.教师编号
and 课程表.课程号 = 成绩表.课程号
and 学生表.学号 = 成绩表.学号
and 教师表.姓名 =' 张晓晨 '
go
```

传统连接方式对连接格式进行了简化，但代码的可读性和执行的可靠性都有所削弱，不推荐使用。

2. 连接方式

SQL 连接方式可分为内连接、外连接、交叉连接。前述的连接方式实际上是内连接，给出其正式定义：

内连接：默认连接方式，选取所有满足连接条件的元组。格式：

　　　[Inner]　join

其中 "Inner" 关键字一般省略。

外连接则在选取满足连接条件的元组的同时，还将不满足条件的特定表的全部内容加入到查询结果集中；外连接包括左连接、右连接、全连接。

- 左连接：除了包括满足连接条件的行外，还包括左表全部行，格式为 LEFT JOIN。
- 右连接：除了包括满足连接条件的行外，还包括右表全部行，格式为 RIGHT JOIN。
- 全连接：除包括满足连接条件的行外，还包括两个表全部行，格式为 FULL JOIN。

例 8.29　查询所有学生的选课情况，包括姓名、课程号和分数，并按分数升序排列，无选修信息的学生也一并列出。

解： 依题意，所有学生的信息都必须列出，且列出学生对应的选课信息，因此适合采用左连接（或右连接，如果学生表在连接条件中置右）。

```
select 姓名,课程号,分数
from 学生表 left join 成绩表
on 学生表.学号 = 成绩表.学号
order by 分数
go
```

查询结果见图8.2，左连接使得学生表的所有行都加入到结果之中，其中无法形成连接关系的元组（称为"悬浮元组"）在无匹配字段处以空值"NULL"填充。

另外还有一种交叉连接（CROSS JOIN），它会生成两关系的（无现实意义的）笛卡尔积，此处不再赘述。

	姓名	课程号	分数
1	王亚伟	NULL	NULL
2	朱永强	1	NULL
3	王顺利	NULL	NULL
4	程永欣	NULL	NULL
5	张强	14	40.0
6	吴永成	14	49.0

图8.2　例8.29 查询结果的前面部分

8.4　嵌套查询

嵌套查询就是在一个查询（SELECT）语句中嵌套另一个查询（SELECT）语句，因此嵌套查询也称为子查询。

外部的 SELECT 语句称为外围查询（或父查询），内部的 SELECT 语句称为子查询。

子查询的结果将作为外围查询的参数，这种关系就好像是函数调用嵌套，将嵌套函数的返回值作为调用函数的自变量参数。嵌套查询的使用规则：

（1）子查询需要用括号（ ）括起来。

（2）子查询可以嵌套（子查询的子查询……）。

（3）子查询的 SELECT 语句中不能使用 image、text 和 ntext 数据类型。

（4）子查询返回结果的数据类型必须匹配外围查询 WHERE 语句的数据类型。

（5）子查询不能使用 ORDER BY 子句。

子查询具有两种不同处理方式：无关子查询和相关子查询。

1. 无关子查询

无关子查询指外围查询与内部查询的条件不发生重叠，只是返回数据供外围查询使用；在编写嵌套子查询的 SQL 语句时，如果被嵌套的查询中不包含对于外围查询的任何引用，就可以使用无关子查询。

最常用的无关子查询方式是 IN（或 NOT IN）子句。其语法格式如下：

SELECT select_list FROM table_name

WHERE condition

[NOT] IN

（SELECT select_list FROM table_name WHERE condition）

例8.30　查询年龄最大的教师的姓名、出生日期。

```
select 姓名,出生日期
from 教师表
where 出生日期 in
(select min(出生日期)
from 教师表)
go
```

本例的具体执行过程是：首先执行子查询，找到教师的最小出生日期；然后以之为条

管理科学与工程类专业应用型本科系列规划教材

件从教师表中找出该出生日期对应的姓名和出生日期。

本例的子查询只会返回一个值（而不是多个值组成的集合），因此可以使用等号代替"in"。

例 8.31　查询教授了"大学英语"课程的教师的教师编号和姓名。

```
select 教师编号,姓名
from 教师表
where 教师编号 in
(select  教师编号
from 成绩表
where 课程号 in
(select 课程号
from 课程表
where 课程名 ='大学英语'))
go
```

例 8.32　查询比外语学院的教师年龄都大的教师信息。

```
select *
from 教师表
where 学院名称 < >'外语学院' and 出生日期 < all
(select 出生日期
from 教师表
where 学院名称 ='外语学院')
go
```

本例也可以通过 min 函数来实现，其效率比使用"all"关键字要高。

2. 相关子查询

相关子查询在执行时，要使用到外围查询的数据。外围查询首先选择数据提供给子查询，然后子查询对数据进行比较，执行结束后再将它的查询结果返回到它的外围查询中。如果有结果返回，则外围查询输出。

相关子查询通常使用关系运算符与逻辑运算符（EXISTS，AND，SOME，ANY，ALL）来完成。

例 8.33　对每个学生，找出其成绩超过该课程的平均分的课程，输出姓名和课程号。

```
select distinct 姓名,课程名
from 成绩表 a join 学生表
on a.学号 =学生表.学号
join 课程表
on 课程表.课程号 =a.课程号
where 分数 >
(select avg(分数)  from 成绩表 b
```

where a.课程号 = b.课程号）

go

"a" 是成绩表的别名，又称为元组变量，可以用来表示成绩表的一个元组。本例的子查询是求一个学生所修的某门课程的平均成绩，至于是哪门课程要看元组变量 "a" 对应的课程号对应哪门课程。本例的执行过程为：

①外围查询从成绩表取出第 1 个元组（第 1 行）并以 "a" 代表，将 "a" 的课程号传递给内存查询；

②执行子查询，获得该课程的所有成绩的平均分；

③以该平均分为参数执行外围查询，得到 "a" 所对应的课程名，以及修了该门课程且得分比该课程平均分高的学生的姓名，保存到结果集；

④外围查询从成绩表取出下一个元组，重复①至③步；

⑤如此遍历成绩表的所有元组，得到最终结果集。

由于子查询和外围查询相关，因此必须反复求值，与无关子查询相比计算速度会有明显下降。

相关子查询可以使用各种逻辑运算符（亦称 "谓词"），其中 exists 是较复杂的一种；它可直接返回子查询的结果空或非空，对应假或真。

例 8.34　查询所有上过课的老师的姓名。

本例可以这样解读：只要其教师编号在成绩表中存在，他就是上过课的老师，因此以 exists 谓词获取上过课的老师的集合。

```
select distinct 姓名
from 教师表
where exists
(select *  from 成绩表
where 教师表.教师编号 = 成绩表.教师编号)
go
```

由 exists 引出的子查询，其目标列通常用 "＊"，因为 exists 只会返回 true 或 false，给出列名无实际意义。

8.5　基于派生表的查询

子查询不仅可以出现在 where 子句中，还可以出现在 from 子句中，也就是说，子查询的结果本身可以作为一个表被查询，称之为（临时）派生表（derived table）。派生表使用的唯一要求是：必须为它指定一个别名。

例 8.35　以派生表的形式完成例 8.24 对应的查询。

```
select 课程号,选课人数
from
(select 课程号,count(课程号) as 选课人数
from 成绩表
```

group by 课程号）as a ——注意：此处为派生表定义了别名

where　选课人数＞5

go

例 8.36　以派生表的形式完成例 8.33 对应的查询。

select distinct 姓名,课程名

from 成绩表 a join 学生表

on a.学号＝学生表.学号

join 课程表

on 课程表.课程号＝a.课程号

join（select 课程号,avg(分数) as avg

from 成绩表 group by 课程号）

as 平均成绩

on a.课程号＝平均成绩.课程号

where 分数＞平均成绩.avg

go

由上述两例可见派生表的形式与嵌套查询并无本质区别，但从应用形式上更为灵活和易于理解。

事实上派生表也可以转变为永久的表，也就是将查询结果储存为一个新表。具体实现只需在查询的"select"子句后紧接一个"into ＜新表名＞"命令即可。

例 8.37　将例 8.34 的结果查询为一个新表"上课老师表"。

select distinct 姓名

into 上课老师表(与例 8.34 相比唯一增加的内容)

from 教师表

where exists

（select ＊　 from 成绩表

where 教师表.教师编号＝成绩表.教师编号）

go

如果要把查询结果存入一个已存在的表，则需要使用 insert 命令：

insert ＜已存在表名＞（＜select 语句＞）

相关内容请查看 7.5.3 节。

8.6　集合查询

select 语句查询的结果是集合，因此可以对它使用集合操作。SQL Server 提供了三个关键词实现集合操作：求并集，union；求差集，except；求交集，intersect。所有集合操作一般都要求参与运算的结果集满足：

（1）所有结果集中的列数和列的顺序必须相同。

（2）对应列的数据类型必须兼容。

例 8.38　求所有计算机学院的老师和学生的姓名和出生日期。

```
select 姓名,出生日期
from 学生表
where 学院名称 ='计算机学院'
union
select 姓名,出生日期
from 教师表
where 学院名称 ='计算机学院'
```

例 8.39　（同例 8.18）查询学生表中，姓"赵"且姓名是三个字的学生信息。

```
select *
from 学生
where 姓名 like '赵%'
uinon
select *
from 学生
where len(姓名)=3
go
```

例 8.40　查询出生于 80 年代且职称不是讲师的老师的信息。

```
select *
from 教师表
where 出生日期 between '1980 -1 -1' and '1989 -12 -31'
except
select *
from 教师表
where 职称 ='讲师'
go
```

例 8.41　查询计算机学院和外语学院出生日期相同的学生对应的出生日期。

```
select 出生日期
from 学生表
where 学院名称 ='计算机学院'
intersect
select 出生日期
from 学生表
where 学院名称 ='外语学院'
go
```

8.7　查询语句的设计思路

通过前面的练习我们会发现，实现一个查询语句可使用多种方法，最常见的有两类：表连接法和子查询法。

例 8.42　分别用表连接法和子查询法查询学生"叶晨"选修的所有课程信息。

表连接法：此例要求的课程信息无疑在课程表中，而学生姓名在学生表中；选修的信息则在成绩表中。既然如此，我们可以通过表连接将所有已知线索"叶晨"和要查询的信息"课程信息"制作成一个大表，假设为 A，然后针对这个大表执行非常简单的查询：

select ＜所有课程信息＞ from ＜表 A＞ where 姓名 =' 叶晨 '

剩下的问题就是如何获得这样一个大表。以成绩表为核心，通过学号、课程号的联系即可获得这样一个大表。最后的解为：

```
select 课程表.课程号,课程名,学分,课程表.备注
from 成绩表 join 学生表
on 成绩表.学号 = 学生表.学号
join 课程表
on 课程表.课程号 = 成绩表.课程号
where 姓名 =' 叶晨 '
go
```

因为是从一个大表中查询信息，而这个大表中包含了多个"课程号""备注"属性，所以名称有重复的被查询列必须加上表名前缀。

子查询法：既然要查询课程信息，肯定只能从课程表中查；我们只要清楚学生叶晨选修了哪些课程就可以了。选修课程的信息在成绩表中，其中只有学号与学生实体相关；而学号与姓名的对应关系在学生表中，因此我们可以通过学生姓名（在学生表中）找到学号，再通过学号（在成绩表中）找到对应的课程号，最后通过课程号从课程表中找出课程即可，上述每一步都构成一个子查询。最后的解为：

```
select *  from 课程表
where 课程号 in
(
select 课程号 from 成绩表
where 学号 =
    (
    select 学号 from 学生表
    where 姓名 =' 叶晨 '
    )
)
go
```

可见表连接法和子查询法都能解决大多数查询问题（当然也有只能使用其中一种方法

的特例），那么到底哪一种效率更高？查询涉及多个表时，用子查询逐步求解层次清楚，易于构建，具有结构化程序设计的优点；但是相对于连接运算，目前的商用关系数据库系统对嵌套查询的优化做得还不够完善，因此实际应用中一般应尽可能使用连接运算。

【习题】

1. 针对"学生成绩管理系统"数据库，完成如下查询：

（1）查询男学生的姓名、年龄、出生地；

（2）查询"外语学院"所有老师的姓名、出生日期，并按出生日期从高到低排列；

（3）查询学生张林的"数据库原理"课程成绩；

（4）查询"英语"和"大学物理"课程不及格的同学的姓名、学号、院系名称，并按分数从低到高输出前十名；

（5）查询管理学院姓名中包含"花"字，且姓名是三个字的学生的信息；

（6）查询计算机学院有不及格课程的学生名单；

（7）查询所有教师所讲授的课程的不及格学生总数，并按总数从高到低排列。

2. 现有关系数据库如下：

● 学生（学号，姓名，性别，专业、奖学金）；

● 课程（课程号，名称，学分）；

● 学习（学号，课程号，分数）。

用 SQL 实现：

（1）查询没有获得奖学金、同时至少有一门课程成绩在 95 分以上的学生信息，包括学号、姓名和专业；

（2）查询没有任何一门课程成绩在 80 分以下的所有学生的信息，包括学号、姓名和专业；

（3）对成绩得过满分（100 分）的学生，如果没有获得过奖学金的，将其奖学金设为 1 000 元。

第 9 章　视图、存储过程与触发器

本章讲述三种数据库高级工具：视图、存储过程、触发器的创建和使用。

9.1　视图

多数情况下，视图是呈现给用户的数据，是外模式的组成部分；换言之，它是外模式最明显的表现形式。

从其实现机制而言，视图是一个虚表（表的数据不真实存在于硬盘上，而是通过查询语句从基本表中获得），是从若干个表（或其他视图）中导出的表。

因此，视图就是一个预先执行的查询语句的结果；创建视图的一般出发点是在效率、安全性上的考虑。也可以通过视图修改数据，但有一定的限制，因此较少使用这一功能。

9.1.1　使用 SQL 语言创建视图

视图就是对 SQL 查询的"固化"，其创建格式为：

CREATE VIEW 视图名 AS ＜SELECT 子句＞

例 9.1　创建一个视图"学生成绩"，显示学生的学号、姓名、选修的课程名以及分数。

```
create view 学生成绩
as
select 学生表.学号,姓名,课程名,分数
from 学生表 join 成绩表
on 学生表.学号＝成绩表.学号
join 课程表
on 课程表.课程号＝成绩表.课程号
go
```

视图创建完毕，就可以如同查询基本表一样查询视图了。可以在 SQL Server Management Studio 中选中要查询的视图并打开，浏览该视图查询的所有数据；也可以在查询窗口中执行 T-SQL 语句查询视图，例如查找"数据库应用"课程的成绩信息。

```
select *  from 学生成绩
where 课程名＝'数据库应用'
go
```

修改视图的语句格式：

ALTER VIEW 视图名 AS ＜SELECT 子句＞

相当于将视图删除后重新创建一遍。删除视图的语句格式：DROP VIEW 视图名。

9.1.2 使用图形界面创建视图

SQL Server 提供了很方便的图形界面来创建视图（SQL Server 2005 与 SQL Server 2016 界面完全相同），示例如下。

例 9.2 创建一个视图"计算机学院学生成绩"，显示计算机学院学生的学号、姓名、选修的课程名以及分数。

（1）【对象资源管理器】中，右键单击"学生成绩管理系统"数据库的"视图"节点或该节点中的任何视图，从快捷菜单中选择"新建视图"。

（2）在弹出【添加表】对话框中选择所需的"学生表""成绩表""课程表"；单击"添加"。

（3）在【视图设计器】中进行操作（图 9.1）。视图设计器被垂直分为四部分，将其称为上部、中部、下部、底部，上部是所选表或视图的关系图，中部是被选中的列（包括被选中输出的列和被选中作为查询条件的列），下部是由系统生成的、与视图对应的 SQL 语句，底部是视图最后的结果（初始状态为空白）。具体创建步骤如下：

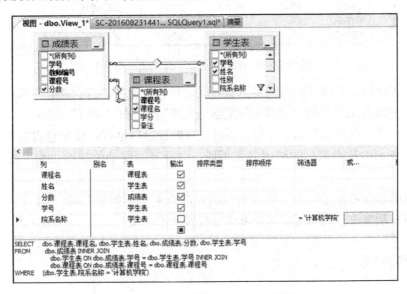

图 9.1　视图设计器（上、中、下部）

①在上部关系图中钩选成绩表的分数，课程表的课程名，学生表的学号、姓名，中部随即显示这几列的信息，且"输出"列的复选框被钩选，也就是说这几列将作为本视图的输出。

②在上部关系图中钩选学生表的"学院名称"，钩选后在中部显示"学院名称"列。但我们选择它只是为了将它作为查询条件，因此将中部"学院名称"对应行的输出复选框取消钩选，然后在"筛选器"列对应单元格输入筛选条件：＝'计算机学院'（图 9.1）；该条件会立即显示在下部 SQL 语言框中。

③检查 SQL 语言框中的内容无误，则右键点击底部，从弹出菜单中选择"执行

SQL"，底部会选择视图内容，见图9.2。可根据内容进行修改。

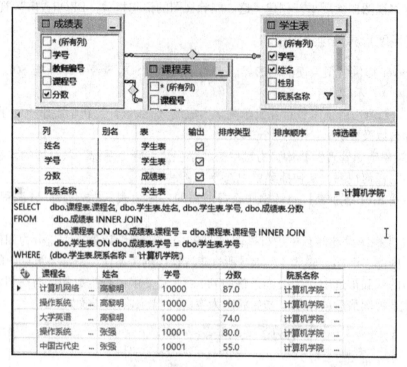

图9.2　视图设计器（上、中、下、底部）

④修改无误后，右键点击视图编辑器对应的标签，选择"保存视图 – dbo. view1"，并在弹出窗口中输入视图名称"计算机学院学生成绩"，点击"确定"完成。

使用图形界面创建视图非常方便，不过从视图设计器也可以看出它实质上就是一个查询设计器，与 SQL 代码编写的视图并无不同，而且有些复杂的视图也难以通过图形方式完成。

对视图的修改可通过右击要修改的视图，选择菜单"编辑"或"设计"即填充视图设计器，可重新修改；删除视图同样可通过右键菜单完成。

9.2　存储过程

9.2.1　存储过程概述

存储过程（stored procedure）是一组已编译好并存储在服务器上的完成特定功能 T-SQL 代码，是某数据库的对象。客户端应用程序可以通过指定存储过程的名字并给出参数（如果该存储过程带有参数）来执行存储过程。

使用存储过程而不使用存储在客户端计算机本地的 T-SQL 程序的优点包括：

（1）允许标准组件式编程，增强重用性和共享性；

（2）能够实现较快的执行速度（预编译）；

（3）能够减少网络流量；

（4）可被作为一种安全机制来充分利用。

存储过程与两种数据库对象的比较。

1. 存储过程与函数

存储过程和函数本质上是没有区别的，不同的是函数的返回值在函数名本身，因此函数是可以嵌入在 SQL 中使用的，例如我们可以使用如下语句使用函数：Select ＜function＞。

不能使用类似语句使用存储过程：

Select ＜Procedure＞　　－－错误！

函数只能返回固定类型的（少量）数据，而存储过程可以返回结果集。

2. 存储过程与视图

两者的相同点：

（1）两者都是 SQL 的数据对象；

（2）写法也很相似。

最重要的是服务器的存储和运行过程几乎都是一样的，二者都是以 SQL 语句集存储的，而且在运行之前都经过编译，也就是不用每次都重新编译，可以大大提高执行效率。

两者的区别在于一个重"过程"，一个重"图"。存储过程涉及很多的数据处理，它可接收参数，类似于函数。主要目的是用来处理数据。视图是把现有数据组合成新的形式展示出来，相当于一张虚拟的表。其目的是用来呈现数据。

事实上，两者的内部实现基本是一样的，提供者在开发这些对象时，是针对不同目的不同应用的。完成某一功能时需对实际情况进行具体分析，看怎样实现方便、高效。

9.2.2　存储过程的类型

在 SQL Server 中，存储过程分为三类：系统提供的存储过程、用户自定义存储过程和扩展存储过程。

（1）系统存储过程：系统提供的存储过程，sp_ * ，例如：sp_rename。

（2）用户自定义存储过程：创建在用户数据库中的存储过程。

（3）扩展存储过程：使用高级编程语言在 SQL Server 环境之外创建的动态链接库 DLL 程序；可通过它直接操作数据库实例。

系统存储过程主要存储在 master 数据库中，储存管理性和信息性的活动，例如获取数据库的信息。扩展存储过程与高级语言有关，因此我们只讨论自定义存储过程的创建。

创建自定义存储过程时，需要确定存储过程的三个组成部分：

（1）所有的输入参数以及传给调用者的输出参数；

（2）被执行的针对数据库的操作语句，包括调用其他存储过程的语句；

（3）返回给调用者的状态值，以指明调用是成功还是失败。

9.2.3　存储过程的创建和修改

在 SQL Server 中，创建存储过程有两种方法：一种是使用 SQL Server Management Studio，另一种是使用 T-SQL 命令 CREATE PROCEDURE。

使用 SQL 语句 CREATE PROCEDURE 可以创建存储过程的语法格式（简化）：

CREATE　PROCEDURE　　＜procedure_name＞

```
@ parameter data_type [ = default ] [ OUTPUT ]
    [ ,...n ]
```

AS

`< sql_statement >`

其中，输入参数将在 < sql_statement > 中被使用，输出参数必须在 < sql_statement > 中被赋值。另外存储过程的名字不能以 "sp_" 为前缀，因为这样的存储过程都是系统存储过程。

执行存储过程使用 "execute" 关键字，亦可简写为 "exec"。

例 9.3 创建一个存储过程 "GetAllStudents" 返回所有学生的信息。

```
create procedure getallstudents
as
    select *  from 学生表;
go
```

执行该存储过程：

```
Execute GetAllStuents
```

例 9.4 创建存储过程，从教师表中返回指定姓名的教师的全部信息。

```
create procedure get teacher
    @ name varchar(40)
AS
    select *
    from 教师表
    where 姓名 = @ name
go
— 执行此存储过程:
execute get teacher '张晓晨'
```

例 9.5 创建带有通配符参数的存储过程：从课程表中返回指定的一些课程的信息。该存储过程对传递的参数进行模式匹配，如果没有提供参数，则返回所有课程的信息。

```
create procedure get course
    @ name varchar(40) = '%' —这里使用等号定义了缺省值
as
    select  *  from 课程表
    where 课程名 like @ name;
go
—不带参数调用,此时输入参数使用缺省值:
execute getcourse;
—使用模式匹配:
execute getcourse '数%'
```

—直接指定课程名：

```
execute getcourse '数据结构';
```

例 9.6 创建带输出参数的存储过程：创建一个可查询某门课程平均分的存储过程，输入参数为课程名称，输出平均分。

```
create procedure getavgscore
    @ name char(40), —此为输入参数
    @ score decimal(3,1) output  —声明为输出参数
as
    set  @ score = (select avg(分数)
    from 成绩表 where 课程号 =
    (select 课程号 from 课程表
    where 课程名 =@ name)
    );
go
```

—使用该存储过程：

```
declare @ C decimal;  —先声明接收输出参数值的变量
execute getAvgScore '大学英语', @ C output  —给出输入参数和接收输出变量
print '大学英语课程的平均分为：' + str(@ C)  — 打印输出变量
```

输出参数以"output"为标识，亦可简化为"out"。

修改存储过程可使用 ALTER 语句，其格式与创建存储过程几乎完全一样，唯一的不同就是以 ALTER 代替 CREATE 而已，此处略过。

删除存储过程：DROP PROCEDURE <存储过程名字>。

使用图形界面当然也可以创建存储过程，在【对象资源管理器】窗口中，展开"数据库"节点，再展开所选择的具体数据库节点，接着展开选择"可编程性"节点，右击"存储过程"，选择"新建存储过程"或"存储过程"命令即可弹出存储过程的编辑窗口。遗憾的是编辑窗口依然是一个 SQL 代码编辑器，只是其中提供了编写模板，见图9.3。

```
-- =============================================
-- Author:      <Author,,Name>
-- Create date: <Create Date,,>
-- Description: <Description,,>
-- =============================================
CREATE PROCEDURE <Procedure_Name, sysname, ProcedureName>
    -- Add the parameters for the stored procedure here
    <@Param1, sysname, @p1> <Datatype_For_Param1, , int> = <Default_Value_For_Param1, , 0>,
    <@Param2, sysname, @p2> <Datatype_For_Param2, , int> = <Default_Value_For_Param2, , 0>
AS
BEGIN
    -- SET NOCOUNT ON added to prevent extra result sets from
    -- interfering with SELECT statements.
    SET NOCOUNT ON;

    -- Insert statements for procedure here
    SELECT <@Param1, sysname, @p1>, <@Param2, sysname, @p2>
END
GO
```

图9.3 创建存储过程的图形界面

因此使用图形界面创建（及修改）存储过程和使用 SQL 代码创建（及修改）的过程雷同，此处不再赘述。

删除存储过程可通过存储过程的右键菜单→"删除"完成。

9.2.4 查询存储过程

使用系统提供的存储过程"sp_help"和"sp_helpText"可以查看存储过程。其中前者可以查看存储过程的名称、所有者、创建时间、参数类型等信息，后者可以查看存储过程的全部代码。

例 9.7 使用 sp_help 和 sp_helpText 查看存储过程 getAvgScore 的信息和完整代码。

```
sp_help getAvgScore
go
sp_helptext getAvgScore
go
```

事实上 sp_help 可以查看数据库中任何对象的信息，包括基本表、视图、存储过程、触发器（见下节）等。sp_helpText 可以显示规则、默认值、未加密的存储过程、用户定义函数、触发器或视图的文本。

9.3 触发器

触发器是用户定义在表上的一类有事件驱动的特殊的存储过程，主要作用是实现由主键和外键所不能保证的、复杂的参照完整性和数据一致性。

当所保护的数据发生变化（update，insert，delete）后，触发器自动运行以保证数据的完整性和正确性。通俗地说就是通过一个动作（update，insert，delete）调用一个存储过程（触发器）。

触发器可以分为两类：

（1）DML 触发器。在数据库中发生数据操作语言（DML）事件时启用。DML 事件包括在指定表或视图中修改数据的 INSERT 语句、UPDATE 语句或 DELETE 语句。DML 触发器可以查询其他表，还可以包含复杂的 T-SQL 语句。系统将触发器和触发它的语句作为可在触发器内回滚的单个事务对待，如果检测到错误（例如，磁盘空间不足），则整个事务自动回滚。

（2）DDL 触发器。当服务器或数据库中发生数据定义语言（DDL）事件时将调用该触发器，对应以 CREATE、ALTER 和 DROP 开头的语句。它们不响应针对表或视图的 UPDATE、INSERT 或 DELETE 语句。DDL 触发器可用于管理任务，例如审核和控制数据库操作。

作为入门教材，本书只讨论 DML 触发器。

9.3.1 创建、使用 DML 触发器

虽然也可以采用图形界面创建触发器，但其实质依然是通过 SQL 代码（类似于存储

过程的图形界面创建方式)，因此本节只讨论使用 T-SQL 语言创建触发器。

创建 DML 触发器时需指定：

（1）名称；

（2）定义触发器时所基于的表；

（3）触发器被触发的时间；

（4）激活触发器的数据修改语句，有效选项为 INSERT、UPDATE 或 DELETE；

（5）执行触发器操作的编程语句。

创建 DML 触发器格式：

CREATE TRIGGER ＜触发器名＞

ON 表名｜视图名

［with encryption］ -- 用于加密触发器的内容

［FOR ｜ After ｜ Instead of］ -- 隐式指定触发器的类型（默认为 after）

［update, insert, delete］ -- 指定引发触发器的操作

AS ＜SQL 语句＞ --触发器的主体

DML 触发器分为两类：

（1）AFTER 触发器（之后触发）。

①INSERT 触发器；

②UPDATE 触发器；

③DELETE 触发器。

（2）INSTEAD OF 触发器（之前触发）。

其中 AFTER 触发器要求只有执行某一操作 INSERT、UPDATE、DELETE 之后触发器才被触发，且只能定义在表上。而 INSTEAD OF 触发器表示并不执行其定义的操作（INSERT、UPDATE、DELETE）而仅是执行触发器本身。既可以在表上定义 INSTEAD OF 触发器，也可以在视图上定义。

例9.8 当向学生表添加记录完成时，返回一条信息"添加完成"。

```
create trigger InsertFinished
on 学生表
for insert
as
print' 添加完成 '
go
```

例9.9 在教师表上创建一个 DELETE_TRIGGER 触发器，当执行 DELETE 操作时触发，且要求触发 DELETE 语句之后恢复到删除之前的状态。

```
create trigger delete_trigger
on 教师表
instead of delete
as
```

```
raiserror('你无权删除此记录',10,1)
go
```

该触发器以"显示出错信息"取代了原来的 DELETE 操作。Raiserror 作为一个函数，其第 1 个参数是错误消息的 ID 或错误消息文本；第 2 个参数指出错误严重程度，其值 0～18 内自定义：

（1）取值在［0，10］的闭区间内，不会被异常处理机制捕获；

（2）取值若在［11，19］的闭区间内，则会当作异常处理（程序运行跳到 CATCH 语句块执行异常处理代码）；

（3）如果取值在［20，无穷），则直接终止数据库连接。不过大于 18 的参数不能随意设置，只能由 sysadmin 角色的成员用 WITH LOG 选项指定。

第 3 个参数为错误调用状态的信息（可取 0～127 内的任何数，默认值为 1）。

对于 UPDATE 触发器，当 UPDATE 操作在表上执行时，则产生触发。在触发器程序中，有时只关心某些列的变化，则可以使用 IF UPDATE ＜列名＞，仅对指定列的修改做出反应。

例 9.10 对学生表创建一个 UPDATE 触发器"学生表_UPDATE"，禁止对"姓名"列进行修改。

```
create trigger 学生表_update
on 学生表
for update
as
if update(姓名)  ——只对指定列的修改有效
begin
raiserror('此列没有授权修改!',10,1)
rollback transaction  ——将所做的修改全部都回滚到执行前的状态
end
```

例 9.11 对学生表进行删除操作时，首先检查要删除几行，若删除多行，则不允许删除，返回错误信息；如删除的是一行的话，则允许操作。

```
create trigger aa
on 学生表
for delete
as
if (@@rowcount>1)  ——@@rowcount 为全局变量,代表受上一行语句影响的行数.
begin
raiserror('一次只能删除一行',16,1)
rollback transaction  —— 回滚事务
end
```

触发器有两个特殊的表：插入（insterted）表和删除（deleted）表，在触发器执行过程中可以被访问，不过它们是逻辑表也是虚表，创建于系统内存，不会存储在数据库中。且两张表都只能读取数据而不能修改数据。这两张表的结构总是与该触发器的表的结构相同。当触发器完成工作后，这两张表就会被删除。Inserted 表的数据是插入或是修改后的数据，而 deleted 表的数据是更新前的或是删除的数据（表9.1）。

表 9.1 触发器对应的 inserted 和 deleted 逻辑表

对表的操作	inserted 逻辑表	deleted 逻辑表
增加记录（insert）	存放增加的记录	无
删除记录（delete）	无	存放被删除的记录
修改记录（update）	存放更新后的记录	存放更新前的记录

Update 数据的时候就是先删除表记录，然后增加一条记录。这样在 inserted 表和 deleted 表中就都有 update 后的数据记录了。需注意的是，触发器本身就是一个事务，所以在触发器里面可以对修改数据进行一些特殊的检查。如果不满足可以利用事务回滚（rollback），撤销操作。

例 9.12 级联修改：假设教师表和课程表之间的外键连接未保证教师表、教师编号与课程表、课程编号之间的级联修改，请用触发器实现该功能。

```
create trigger 教师表_ 课程表_cascadeUpdate
on 教师表
    for update
as
    declare @ oldID varchar(20), @ newID varchar(20);
    ——更新前的数据
    select @ oldID = 教师编号 from deleted;
    if(exists(select * from 课程表 where 教师编号 =@ oldID))
        begin
            ——更新后的数据
            select @ newID =教师编号 from inserted;
            update 课程表 set 教师编号 = @ newID where 教师编号 =@ oldID;
            print '级联修改数据成功!';
        end
    else
        print '无需修改课程表!';
go
```

例 9.13 定义一个触发器，不允许录入低于60分的课程号为"101"的选修课成绩。

```
create trigger score_update
on 成绩表
```

```
for insert
as
if ( select 成绩 from inserted
where 课程号 = '101' ) < 60
begin
rollback tran    —事务回滚
print ' 该成绩不能录入 '
end
```

另外，触发器也是一种存储过程，因此查询、修改、删除触发器与查询、修改、删除存储过程的操作完全一样，请参考存储过程的相关章节。

9.3.2 禁用、启用触发器

禁用和启用触发器的语法格式如下：
ALTER TABLE   <触发器表名称 >
{ENABLE | DISABLE} TRIGGER
{ALL | 触发器名 [,...n]}
使用该语句可以禁用或启用指定表上的某些触发器或所有触发器。
参数说明：
（1）ENABLE | DISABLE：为启用或禁用触发器。默认为 ENABLE，触发器在创建之后就处于启用状态。一旦禁用触发器，则触发器虽然存在于表中但对表的数据变动不发生触发。
（2）ALL：不指定触发器名称的话，指定 ALL 则启用或禁用触发器所对应表中的所有触发器。
例 9.14 禁用例 9.13 创建的触发器。

```
alter table 成绩表
disable trigger score_update
go
```

如要启用该触发器，只需将上例的"disable"替换为"enable"即可。

【习题】

1. 将第 8 章习题 1 的（5）（6）（7）小题转化为视图。
2. 针对"学生管理系统"创建一个存储过程，输入参数是一个学生的记录（学号、姓名、性别、出生日期等），存储过程的内容是：在学生表中首先查看是否存在该学生，若存在则返回"记录已存在！"的信息，存储过程结束；若不存在，将输入参数插入学生表中，并返回"记录已插入！"的信息。
3. 针对"学生管理系统"创建一个触发器：删除学生表数据时，在成绩表中首先查看是否存在该学生对应的成绩数据，若存在则删除成绩表中这些数据，并输出"成绩表中的相应数据已删除！"的信息；若不存在则无操作。

第 10 章　数据库的恢复和数据转移

不管多么安全的数据库，只要在使用，都有可能出现系统故障和产品故障，这些故障将会对数据库造成不利影响，因此 SQL Server 提供了多种数据恢复和转移的方法，具体如下：

（1）数据库备份与还原。

（2）数据库分离与附加。

（3）数据库数据的导入与导出。

（4）使用脚本完成数据库的转移。

就完全性而言采用第 1 种方法效果最好，但该方法主要用于数据库日常维护，备份数据的通用性不强；就便捷性而言采用第 4 种方法最好；第 2 种方法用于同版本的两个服务器之间转移数据库；第 3 种方法用于数据库与非数据库的数据源（例如电子表格）之间数据交换。

10.1　数据库备份与还原

10.1.1　恢复模式：备份与还原的行为控制

恢复模式是一个数据库属性，用于控制数据库备份和还原的基本行为，包括日志记录方式、是否备份日志、可用的还原操作等。数据库的恢复模式分为三种：

（1）简单恢复模式：简化备份、还原操作。

（2）完整恢复模式：记录所有事务，可完全恢复。

（3）大容量日志恢复模式：简略记录大容量事务，完整记录其他事务。该模式有利于提高大容量数据库的维护效率。

默认的恢复模式是简单模式，如果想更改可以通过数据库的右键菜单"属性"→"选择页"窗格中，单击"选项"→"恢复模式"，当前恢复模式显示在列表框中，可使用下拉列表选择不同的模式。

10.1.2　数据库备份

数据库备份指的是将当前的数据库系统、数据文件或日志文件复制到一个专门的备份服务器、活动磁盘或者其他能长期存储数据的介质上，作为副本。

数据库备份记录了在进行备份这一操作时数据库中所有数据的状态。一旦数据库意外损坏，这些备份文件可用来恢复数据库。备份并不是简单的数据复制，而是将数据库中所有信息备份，包括：①数据库、表（结构和数据）、视图、索引、约束条件；②数据库文件的路径、大小、增长方式等信息。

SQL Server 的数据库备份分为以下几种方式：

（1）完整数据库备份。备份包括事务日志的整个数据库，是数据库的完整副本。

（2）差异数据库备份。仅复制自上一次完整数据库备份之后修改过的数据库页。

（3）事务日志备份。仅复制事务日志。日志备份序列提供了连续的事务信息链，可支持从数据库、差异或文件备份中快速恢复。另外，只有将数据库恢复模式切换到"完整模式"才可以做事务日志备份。"简单模式"下只有"完整"和"差异"两种备份模式。

（4）文件和文件组备份。备份数据库文件和文件组，而不是备份完整数据库。只对文件备份可以减少备份工作量。

后两种备份模式一般被数据库管理员用作数据库的日常维护，本书不做讨论。

数据库备份可以通过图形界面或使用 SQL 语言。使用图形界面的方法以备份"学生成绩管理系统"为例。

例 10.1 通过图形界面备份"学生成绩管理系统"。

（1）打开管理控制器，展开服务器，选中指定的数据库。

（2）右键单击要进行备份的数据库图标，在弹出的快捷菜单中选择"任务"，再选择"备份数据库"。

（3）在弹出的"备份数据库"窗口中（图 10.1），选择备份的数据库，输入备份的名称和备份的说明，选择备份的类型（如前所述，如果恢复模式是简单模式，则备份类型只能选择完整和差异两种；完整模式下可选择完整、差异、事务日志三种）。

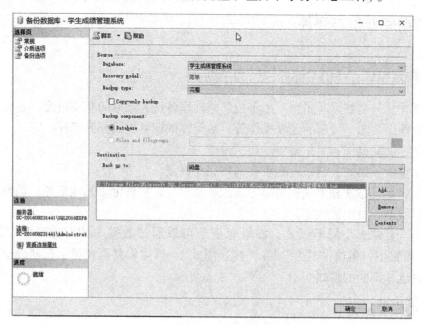

图 10.1 备份数据库窗口

（4）"目标"框中给出了默认的备份位置，可以将其删除然后单击"添加"按钮选择要备份的新位置、文件名称。注意文件名称需要包含扩展名，建议以"bak"为扩展名，例如"学生成绩管理系统 . bak"。

（5）单击"确定"按钮，完成数据库备份。

另外，同一个备份"设备"（可简单理解为 bak 文件）可包含多个备份（不同时刻的），如果要进行差异备份，之前必须至少有一个完整备份（在同一备份设备上）。

数据库备份的第二种方法是使用 T-SQL 语言，语法格式：

BACKUP DATABASE 数据库名［文件或文件组［ ,...n］］

TO 备份设备［ ,...n］

其中备份设备指的是备份的路径。

例 10.2　将"test"数据库完整备份到磁盘上，并创建一个新的媒体集。

```
backup database test
to disk ='c: \ test.bak'
with format
go
```

其中的"with format"（格式化备份集）表示将现有介质集上以前的所有备份替换为当前备份。

例 10.3　创建数据库"test"的差异备份。

```
backup database test
to disk ='c: \ test.bak'
with differential
go
```

10.1.3　数据库还原

还原同样可通过图形界面，或使用 T-SQL 语言。利用管理控制器恢复数据库的步骤：

（1）打开管理控制器，展开服务器组，展开服务器；

（2）右击数据库，在快捷菜单中选"任务"，再选"还原数据库"；

（3）在"还原数据库"列表框（图 10.2）中，选择要恢复的数据库名称；

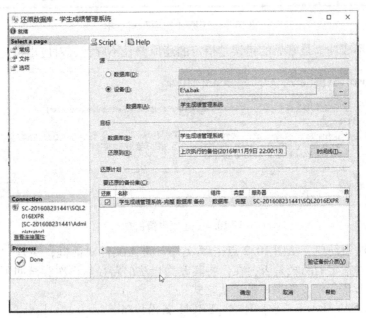

图 10.2　"还原数据库"窗口

（4）在还原选项栏中单击"数据库"单选按钮；

（5）选择要恢复的备份集；

（6）在"还原"列表中，单击要恢复的数据库备份；

（7）单击"确定"按钮，开始恢复。

值得注意的是，还原的目标数据库可以是一个全新的数据库，此时还原相当于创建一个新的数据库；因此用这种方法可以很方便地转移数据库。另外还原时还可通过"选项"对话框定义是否覆盖现有数据库，是否回滚未提交的事务，等等，见图 10.3。

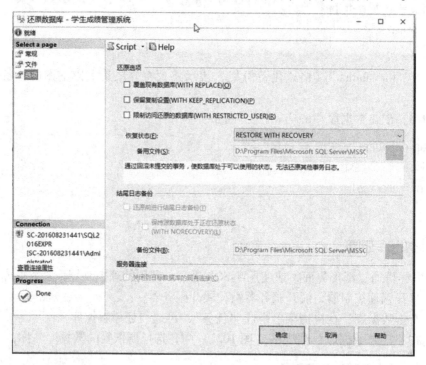

图 10.3 还原"选项"对话框

还原如果不成功，最常见的错误是指定的还原路径不存在，对应出错信息见图 10.4。

图 10.4 还原出错信息

解决的方法很简单，从图 10.2 点击"文件"进入文件对话框，检查"还原为"下方为各数据库文件指定的路径是否存在，将其改为合法的路径后再次尝试即可。

使用 T-SQL 语句恢复数据库的语法格式：

RESTORE DATABASE 数据库名［FROM 备份设备［ ,...n］］

With ＜恢复选项＞

例 10.4　将"test"数据库的完整备份进行还原。

restore databasetest

from disk = ' c: \ test.bak '

例 10.5　将"test"数据库的完整差异备份还原。

restore database test

from disk = ' c: \ test.bak '

with recovery

其中的"with recovery"表示回滚任何未提交的事务（图 10.3）。如果既没有指定 NORECOVERY 和 RECOVERY，也没有指定 STANDBY，则默认为 RECOVERY。

10.2　数据库分离与附加

前面说过，数据库在操作系统中是以文件形式存在的，因此如果只是想转移数据库（到另一相同版本的 DBMS 中），完全可以直接复制数据库文件，牵涉到的操作称为"分离"与"附加"。

10.2.1　数据库分离

出于安全考虑，数据库文件不能直接从文件系统中移除，而必须先将其从数据库管理系统中分离。以从 SQL Server 中分离数据库"RPMSBD"为例，具体过程如下：

（1）登入 SQL Server Management Studio 后，在右侧打开树状图可以看到相关数据库（图 10.5）。

（2）数据库脱机。选中需要备份的数据库后，选中"任务"→"脱机"，脱机前必须关掉表、查询等（图 10.6）（SQL Server 2005 无此步骤）。

（3）确认脱机成功。如果数据库未脱机，直接复制这个数据库文件会报错，所以必须脱机。只有出现提示界面（图 10.7），才能保证脱机成功。

图 10.5　确认要分离的数据库

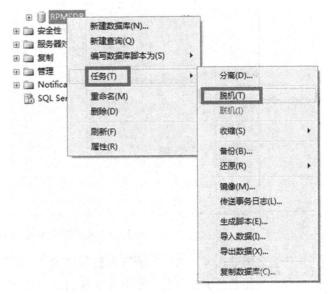

图 10.6　分离前需选择的"脱机"菜单

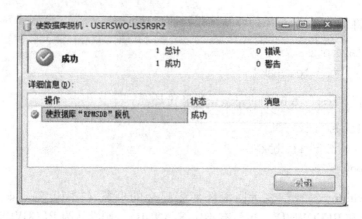

图 10.7　脱机成功界面

需要补充说明的是，SQL Server 2005 的数据库右键菜单并没有"脱机"项，那么如何在分离之前确认脱机呢？可直接进入下一步"分离"菜单，在弹出的"分离数据库"窗口中，如果看到其状态为"活动连接"则说明数据库尚未脱机（图 10.8），此时需要先终止对数据库的用户端连接（关掉已打开的表、已打开的对该数据库的查询分析器等等），再重试"分离"菜单，直到状态改变为"就绪"，说明已脱机。

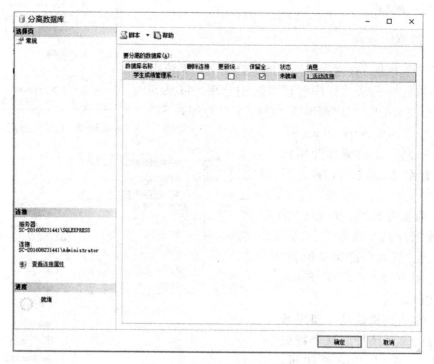

图 10.8　数据库未脱机的显示信息

（4）分离数据库。选中数据库右键菜单的"任务"→"分离"，并确定。

（5）复制备份文件。进入数据库安装目录（可事先根据数据库属性获知），对于 SQL Server 2016 精简版而言默认的位置为"C：\ Program Files \ Microsoft SQL Server \ MSSQL13. SQLEXPR \ MSSQL \ DATA"，在这个文件夹内，选择要复制的数据库文件

(.mdf 和 .ldf)，然后粘贴到需要备份的目录即可（图 10.9）。

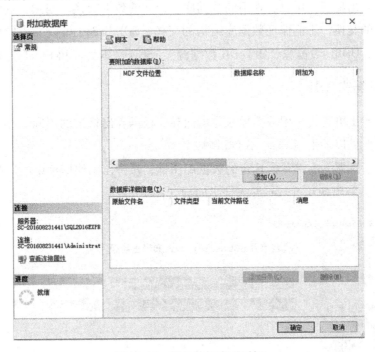

图 10.9　要复制的数据库文件

10.2.2　数据库附加

分离后的数据库文件可以随意转移，然后附加到新的数据库系统中（一般要求新系统与旧系统版本一致）。具体步骤：

（1）将需要附加的数据库文件和日志文件拷贝到某个已经创建好的文件夹中；如果希望管理方便亦可拷贝到 SQL Server 默认的"DATA"文件夹中。

（2）在管理控制器中，右击"数据库"对象，并在快捷菜单中选择"附加"命令，打开"附加数据库"窗口（图 10.10）。

图 10.10　附加数据库对话框

（3）在"附加数据库"窗口中，单击页面中间的"添加"按钮，打开定位数据库文件的窗口，在此窗口中定位到第 1 步保存数据库文件的目录，选择要附加的数据库文件（后缀名为".MDF"）。如果需要修改附加后的数据库名称，则修改"附加为"文本框中的数据库名称。

（4）单击"确定"按钮就完成了附加数据库文件的设置工作。

从以上操作可以看出，如果要将某个数据库迁移到同一台计算机的不同 SQL Server 实例中或其他计算机的相同版本 SQL Server 系统中，分离和附加数据库的方法是很有用的。

但是另一方面，不同 SQL Server 版本之间，或不同数据库之间的数据库转移就无法使用这种分离－附加的方式；此时如只需转移数据，可使用 10.3 节的方法，如需要转移整个数据库，可使用 10.4 节的方法。

10.3 数据库的导入与导出

如果需要在数据库与其他异类数据源（储存数据的其他类别数据库或软件，例如 Oracle 数据库或 Excel 或文本文件）之间交换数据，可以使用数据的导入与导出功能。

实际应用中，用户使用的可能是不同的数据库平台，因此经常需要：

（1）其他数据库的数据转移到 SQL Server；

（2）将 SQL Server 中的数据转移到其他数据库中；

（3）或者在 SQL Server 不同版本间转移数据。

数据导入导出功能，用以实现不同数据库平台间的数据交换。当然，这种情况下一般只能保证数据的交换，不能保证数据库结构的交换。SQL Server 可以导入导出的数据源包括：文本文件、ODBC 数据源、OLE DB 数据源、ASCII 文本文件和 Excel 电子表格等。

10.3.1 表数据的导出

表数据的导出可直接使用数据导入导出向导。根据导出格式的不同，导出的后续步骤有明显差异，此处以导出到 Excel 为例讲解：

（1）打开管理器，右键单击选定的数据库图标，从弹出的快捷菜单中选择"任务"→"导出数据"；会弹出 SQL Server 导入导出向导（图 10.11）。

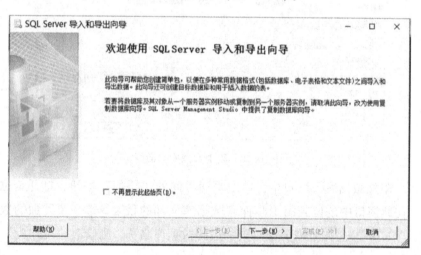

图 10.11　导入导出向导起始页

（2）单击"下一步"按钮，在选择数据源对话框中选定源数据库类型为"SQL Native Client"，选中后下方会显示服务器名称框，从中选择要导出的数据所在服务器，选中服务器后下方会显示数据库列表框，选定要导出数据的数据库名称（图 10.12）。

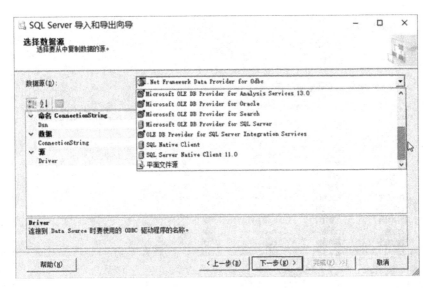

图 10.12　"选择数据源"对话框

（3）单击"下一步"按钮（图 10.13），选定目的数据库的类型，可以是 Oracle、Acess、Excel、ODBC 数据源、本地数据库等；如果希望导出为文本文件，可以选择"平面文件目标"。目的数据库文件类型不同则对应要完成的后续选项有所不同，以 Excel 为例，需要确定目标文件的路径和文件名及版本。

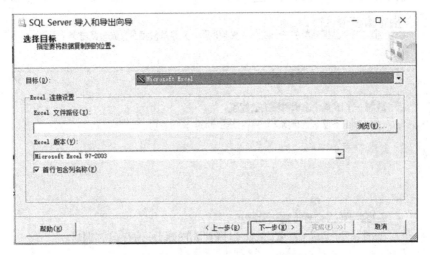

图 10.13　"选择导出目标"对话框

（4）单击"下一步"按钮，指定复制数据的方式：选定表或视图进行复制，或者是编写一条 SELECT 语句获取数据（图 10.15）；若是前者，则"下一步"之后钩选想要复制的表；若是后者，需要输入 SQL 语句。以前者为例，钩选表后还可点击下方的"编辑映射"按钮，编辑导出后的数据的类型（图 10.14）。

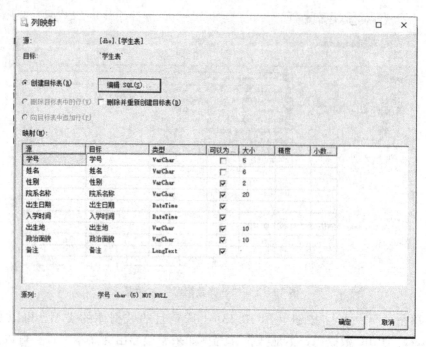

图 10.14 "编辑映射"对话框

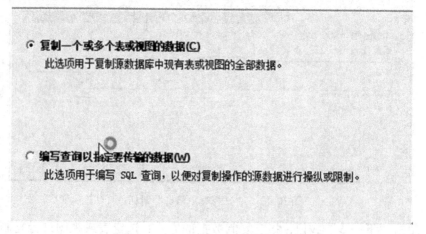

图 10.15 "指定复制方式"对话框

（5）单击"下一步"按钮，显示数据表与 Excel 文件的对应关系（图 10.16）。

（6）单击"下一步"按钮，显示在该向导中进行的设置。确认无误后，单击"完成"按钮，完成数据导出设置（图 10.17）。

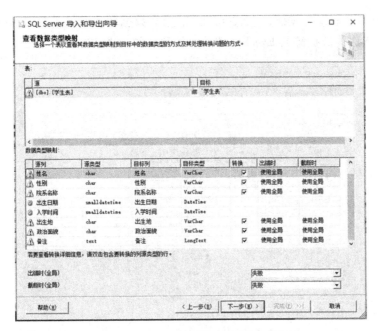

图 10.16 "查看数据类型映射"对话框

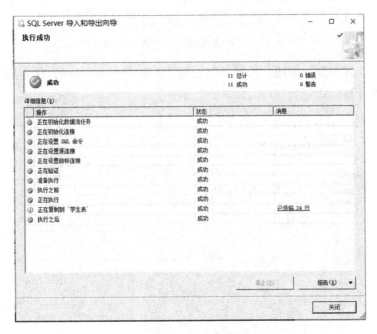

图 10.17 导出完成页

若导出为其他数据格式,需根据相应数据格式的要求进行设置。

10.3.2 表数据的导入

同样以导入 Excel 表格为例演示导入过程。

(1)打开管理控制器,右键单击选定的服务器图标,从弹出的快捷菜单中选择"所有任务"→"导入数据"选项,出现导入导出向导页面(图 10.11)。

（2）单击"下一步"按钮，在数据源框中选择数据源类型；选择"Microsoft Excel"，在下方框中输入作为数据源的 Excel 文件的路径和名称（图 10.18）。

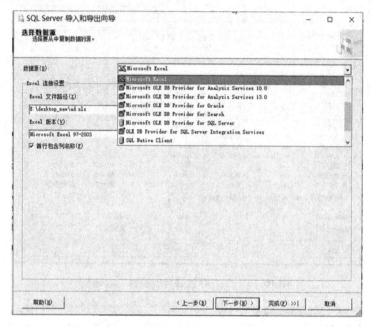

图 10.18　"选择数据源"对话框（导入用）

（3）单击"下一步"按钮，选择复制目标为 SQL Native Client；指定服务器名和对应数据库（图 10.19）。

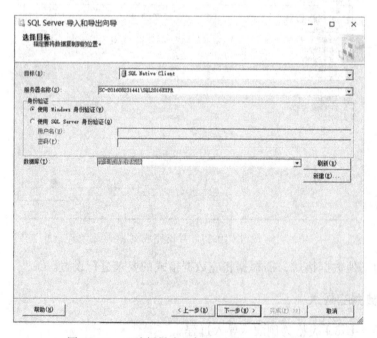

图 10.19　"选择导出目标"对话框（导入用）

（4）单击"下一步"按钮，指定复制数据的方式：直接选定表或视图进行复制，或者是编写一条 SELECT 语句获取数据（图 10.20）。若是前者，则"下一步"之后钩选想要复制的表（图 10.21）；若是后者，需要输入 SQL 语句。以前者为例，钩选表后还可点击下方的"编辑映射"按钮，编辑导出后的数据的类型（图 10.22）。

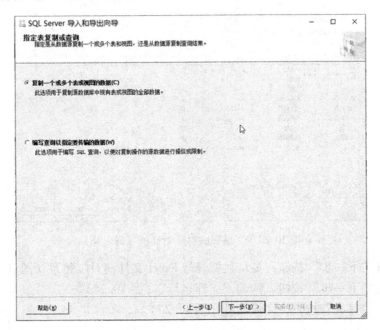

图 10.20 "选择复制方式"对话框

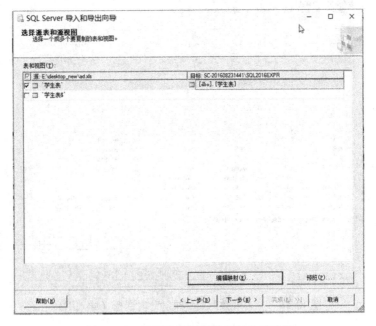

图 10.21 选择数据源和数据目的对话框

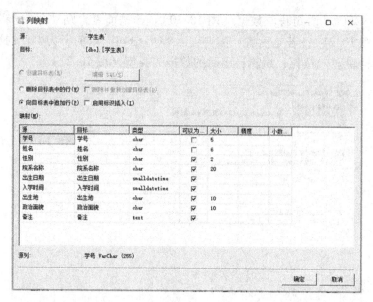

图 10.22 "编辑映射"对话框（导入用）

（5）单击"下一步"按钮，显示数据表与 Excel 文件的对应关系（图 10.23）。

（6）单击"下一步"按钮，钩选"立即运行"（图 10.24）。

（7）单击"完成"按钮，完成设置（图 10.25）。

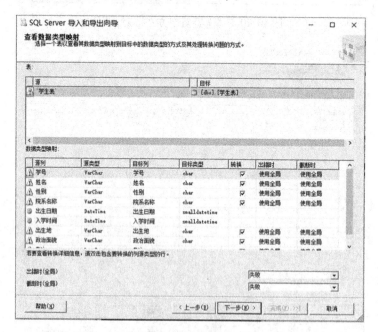

图 10.23 "查看数据类型映射"对话框（导入用）

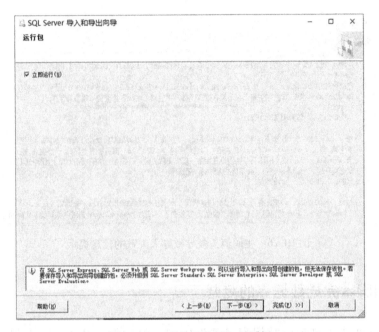

图 10.24　"立即运行"对话框

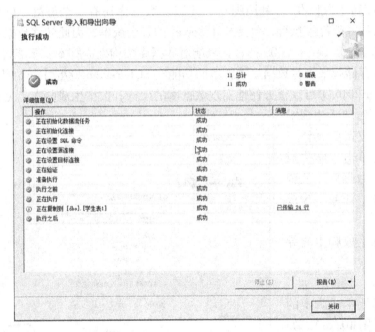

图 10.25　导入完成页

如果导入数据是将无完整性约束的异类数据导入有完整性约束的数据库中，由于约束的存在，很多情况下导入不能成功。例如将 Excel "学生表"中的数据导入数据库的学生表中时，有可能因为主码值重复而不能导入，出错信息见图 10.26。

此时需要在导入前对数据源的数据进行修改，或者将导入目标更改为新表后再次尝试。

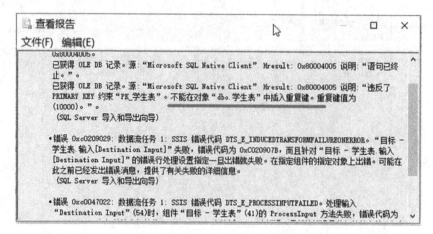

图 10.26　主码值重复导致导入失败的信息提示

10.4　使用脚本完成数据库的复制

　　SQL Server 提供了自动对数据库对象生成脚本的功能，利用这一功能可以轻松实现"将整个数据库转化为脚本"。利用脚本"复制"数据库还有一个好处，就是脚本可以在大多数关系数据库软件中运行，包括 SQL Server 的各个版本，因此转移数据非常方便。

　　不过，对于 SQL Server 2005 而言，只能对数据库架构生成脚本，不能将基本表的数据也转化为脚本存储起来；对数据生成脚本的功能在 SQL Server 2008 才开始具备。

　　SQL Server 2016 中可以很方便地实现数据库的架构和数据生成脚本，见例 10.6。

　　例 10.6　对"学生成绩管理系统"生成完整脚本。

　　（1）右键单击"学生成绩管理系统"数据库，从弹出菜单中选择"任务"生成脚本。

　　（2）出现生成脚本向导（图 10.27），点击"下一步"。

　　（3）选择要生成脚本的数据库对象（图 10.28）。如果是对整个数据库生成脚本，保持默认设置即可，点击"下一步"。

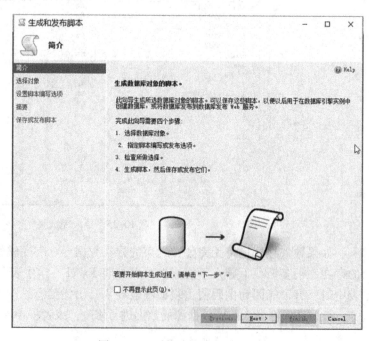

图 10.27　"生成脚本"向导首页

146

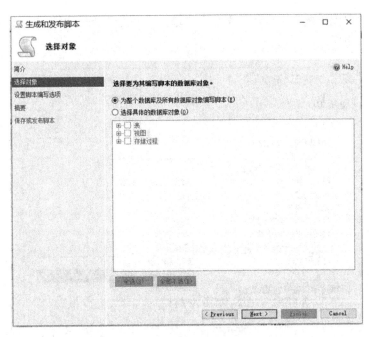

图 10.28 选择编写脚本的数据库对象

（4）设置脚本的保存方式（图 10.29）。可以将其保存为 .sql 文件，或直接输出到查询编辑器。

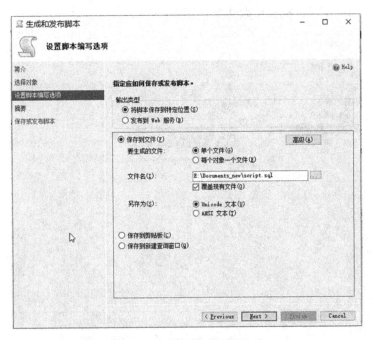

图 10.29 设置脚本编写选项

（5）点击"高级"按钮，对脚本的生成方式进行设置；这一步非常关键，否则无法对数据生成脚本。在弹出的高级脚本编写选项对话框（图 10.30）中，选择倒数第二项"要编写脚本的数据的类型"，点击其右侧按钮，选择"架构和数据"。如不做改变，则该项

的默认选项是"仅限架构",不会包含数据;单击"确定"推出对话框。(SQL Server 2005 不具备本步的功能)

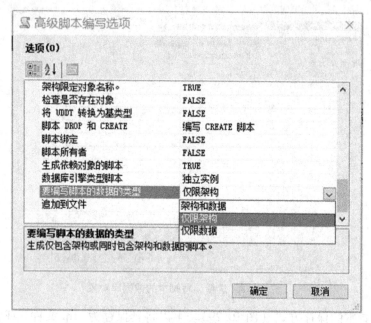

图 10.30 高级脚本编写选项

(6)点击"下一步",检查所做选择(图 10.31)。

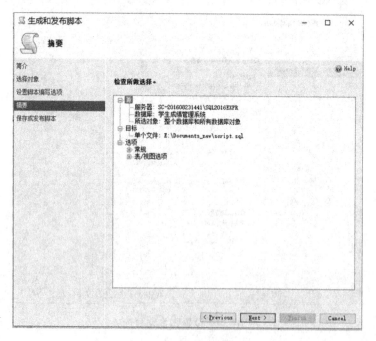

图 10.31 检查所做选择

(7)点击"下一步",开始生成脚本。结束后会显示所完成的操作(图 10.32),点击"完成"。

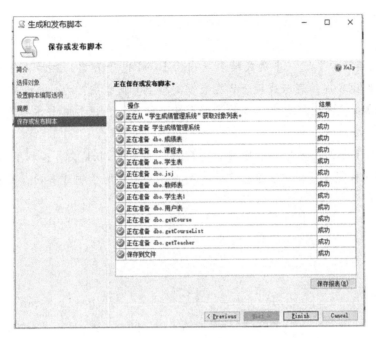

图 10.32　完成脚本

完成之后的脚本可以在其他 SQL Server 上运行以重建完整的数据库。以此种方式转移或备份数据库的好处首先是适应性强，可用于多种关系数据库系统；二是相对而言数据转移量较小，整个数据库相当于一个文本文件，易于携带。以"学生成绩管理系统"数据库为例，通过备份的方式生成的 .bak 文件为 8.6M，若将其生成为脚本只有 24.7k。

不过，由于是系统自动生成，这样的脚本并不方便阅读，脚本中包含了大量的外围参数设定，标识符都以中括号包围。本教材附录中的脚本也是通过"生成脚本"功能产生的，但对其进行了进一步的修改，使其更加精练，便于学习、理解。

对于 SQL Server 2005 来说，生成脚本的过程欠缺了例 10.6 中的第 5 步，因此只能生成对数据库架构的脚本，无法生成数据的脚本。如果运行其生成的脚本只能创建一个结构完整的空数据库，那么如何才能方便地将 SQL Server 2005 完整复制到异构数据库中呢？有两种方法：

（1）使用本章的生成脚本方式生成数据库结构的脚本，使用 10.3 节的方法将数据库数据导出，在异构数据库上运行脚本后再导入数据。

这种方式的缺点很明显，一是比较繁琐，二是导入的数据的数据类型转换之后一般无法保持原样。

（2）使用数据库备份方式或分离方式获得备份或数据库文件，然后将其导入 SQL Server 2008 或更高版本的 SQL Server 中，利用高版本的生成脚本功能将数据库完整导出。

这种方式的缺点是高版本和低版本 SQL Server 之间可能存在兼容问题。不过一般而言，高版本的 SQL Server 可以打开低版本数据库文件或备份，反之则不行。

【习题】

1. 将"成绩管理系统"中的成绩表导出为 Excel 电子表格，然后再导入为一个新表"成绩表 2"。试比较成绩表与成绩表 2 在数据类型上有何差别？为什么会有这样的差别？

2. 利用 10.4 节的内容生成"成绩管理系统"的脚本，比较其与本书附录的脚本有何不同？

3. 利用 10.1 节的内容生成"成绩管理系统"的备份 .bak 文件；利用 10.2 节的内容将该数据库的数据库文件复制出来；比较这两种方法得到的数据库备份，哪种所占空间更大？哪种更方便？

第 11 章　数据库安全管理

数据库的安全性是指保护数据库，防止不合法的使用造成数据的泄露、更改或破坏。SQL Server 的身份验证、授权和验证机制可以保护数据免受未经授权的泄露和篡改。

11.1　SQL Server 的身份验证模式

SQL Server 的身份验证模式分为两种：Windows 身份验证模式和数据库本身的验证模式。

1. Windows 身份验证模式

SQL Server 数据库系统通常运行在 Windows 服务器平台上。在 Windows 验证模式下，SQL Server 检测当前使用 Windows 的用户账号，并在系统注册表中查找该用户，以确定该账号是否有权登录。正是利用了这一用户安全性和账号管理的机制，允许 SQL Server 也可以使用 Windows 的用户名和口令来验证身份。

优点：

（1）数据库管理员的工作可以集中在管理数据库，而不是管理用户账号，对用户账号的管理可以交给 Windows 系统去完成；

（2）Windows 系统有着更强的用户账号管理工具，可以设置账号锁定、密码期限等。

2. 混合身份验证模式

混合身份验证模式指的是 Windows 身份验证和 SQL Server 身份验证同时有效的验证模式。

SQL Server 身份验证：在此种验证方式下，即使用户已经登录操作系统，也必须输入有效的 SQL Server 专用登录名与密码方可连入 SQL Server 2005 数据库实例。

混合验证模式允许用户连接服务器，选用 SQL Server 身份验证模式或 Windows 身份验证模式。它的优点是创建了 Windows 之外的另一个安全层次。

在安装 SQL Server 过程中就可确定使用哪种身份验证模式（图 5.6 和图 5.18）；如果选择混合模式，则需要为数据库最初始的登录名 "sa" 设定密码。

3. 两种模式的切换

服务器的身份验证模式可以随时修改，步骤：

（1）右键单击服务器图标，选择 "属性" 菜单；

（2）在弹出窗口 "服务器属性" 中选择 "安全性" 页面；

（3）更改 "服务器身份验证" 中的选项实现切换。

11.2　SQL Server 安全架构

简单而言，数据的安全性就是保护数据，防止不合法的使用而造成数据泄密和破坏。SQL Server 的安全管理是建立在身份验证和权限验证两种机制上的。

身份验证：用来确定 SQL Server 的用户的登录账号和密码是否正确，以此来验证其是否具有连接 SQL Server 的权限。

权限验证：有了连接 SQL Server 的权限，不等于能访问数据库，还必须获得访问数据库的权限，才能对数据库进行操作。权限验证用来获得访问数据库和数据库对象如表、视图、存储过程等的权限。

相关概念：

（1）登录账号。服务器层面的实体，使用一个登录名只能进入服务器，但是不能让用户访问服务器中的数据库资源。要访问特定的数据库，还必须具有用户账号。每个登录名的定义存放在 master 数据库的 syslogins 表中。

（2）数据库用户。用户要想拥有访问某个数据库的权限，就必须在这个数据库上创建一个数据库用户，并将登录账号和这个数据库用户相关联。用户名是一个或多个登录对象在数据库中的映射，可以对用户对象进行授权，以便为登录对象提供数据库的访问权限。用户定义信息存放在每个数据库的 sysusers 表中。

（3）权限。登录者通过数据库用户关联到某一个数据库之后，还需要为它加上一些限制，来控制它对数据库的访问级别，这就是权限。

（4）角色。一个角色对应一组权限的集合（权限包），如果打算使一组登录账户或数据库用户在数据库服务器或数据库对象上具有相同的权限，则可以通过赋予它们同样的角色来实现。

（5）数据库架构（schema），指数据库对象的容器，即数据库中的对象组成的分组。例如微软为 SQL Server 提供的样例数据库"adventureworks"中，表是按照部门或者功能组织起来的，比如"Human"或者"Person"（图 11.1），它们就是"架构"，在资源管理器中表现为表名的前缀。

数据库对象（基本表、视图、存储过程）等属于某一架构，用户、角色可赋予访问架构的权限，即每一个架构属于一个用户。用户是架构对象的拥有者。SQL Server 2005 中引入架构，使得需改变架构拥有者时，不需要去更改应用程序编码。

图 11.1　AdventureWorks 数据库中按架构组织的表

用户与架构的关系：一个架构有且只有一个所有者（Owner），一个用户可以拥有多个架构。

需要注意的是，"登录名"是服务器层面的概念，"用户"是数据库层面的概念；而

"角色"是两个层面都有的概念，一个"服务器角色"代表了服务器层面的权限包，一个"数据库角色"则代表数据库层面的权限包。

SQL Server 把登录名与用户名的关系称为映射。用登录名登录 SQL Server 后，在访问各个数据库时，SQL Server 会自动查询此数据库中是否存在与此登录名关联的用户名，若存在就使用此用户的权限访问此数据库，若不存在就用 guest 用户访问此数据库（guest 是一个特殊的通用用户）。

一个登录名可以被授权访问多个数据库，也就是映射到多个用户，但一个登录名在每个数据库中只能映射一次。

上述各概念之间的关系如图 11.2 所示。

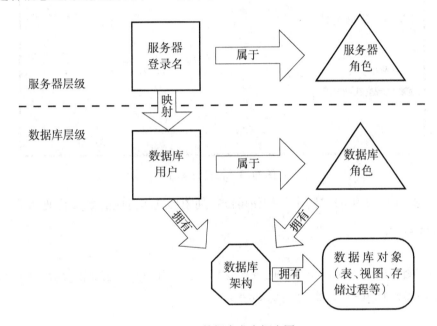

图 11.2 数据库安全概念图

图 11.2 可归纳为以下几点：

（1）服务器登录名属于某组服务器角色；

（2）服务器登录名需要与数据库的用户映射后才拥有操作数据库的权限；

（3）数据库用户属于某组数据库角色以获取操作数据库的权限；

（4）数据库角色拥有对应的数据库架构，数据库用户既可以直接拥有架构，也可以通过角色拥有；

（5）数据库用户有默认架构，编写代码时可省略默认架构名，直接以"对象名"访问；非默认架构则要以"架构名.对象名"访问。

例 11.1 新建一个非 SA 账户"Login1"，并建立数据库"DB1"。

过程如下（同时显示图形界面操作和对应的 SQL 代码）：

（1）通过对象资源管理器中的服务器→安全性→登录名的右键菜单"新建登录名"创建登录名"Login1"（SQL Server 身份验证模式，密码为"123"（图 11.3））。

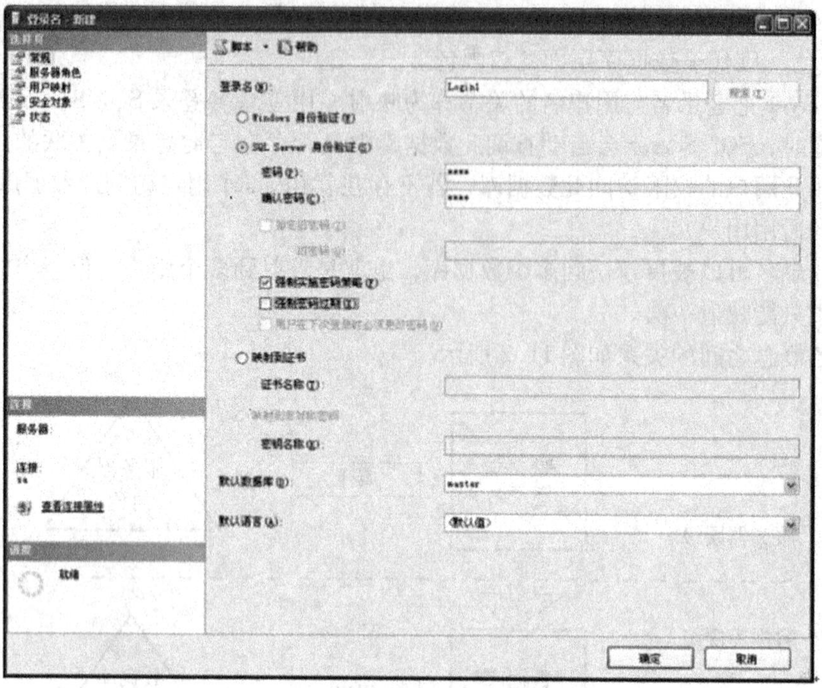

图 11.3　新建登录名

通过点击图 11.3 中的"脚本"按钮可以得到图形操作对应的 SQL 代码如下：

```
use master
go
create login Login1 with password = n'123' must_change, default_database = master,
check_expiration = on, check_policy = on
go
```

（2）通过对象资源管理器中的服务器→数据库的右键菜单新建数据库 DB1（图 11.4）。

```
create database db1 on  primary
(name = n'db1', filename = n'd: \ program files（x86）\ microsoft sql server \
mssql.1 \ mssql\ data\ db1.mdf', size = 3072kb, filegrowth = 1024kb)
log on
(name = n'db1_log', filename = n'd: \ program files（x86）\ microsoft sql server \
mssql.1 \ mssql\ data\ db1_log.ldf', size = 1024kb, filegrowth = 10% )
go
```

（3）通过资源管理器中数据库 DB1→安全性→架构的右键菜单"新建架构"，新建数据库 DB1 的架构 Schema1（图 11.5）。

```
use db1
go
```

```
create schema schema1
go
```

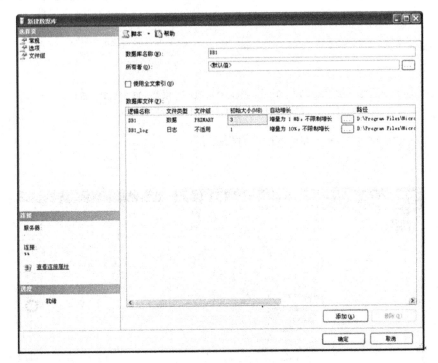

图 11.4　新建数据库

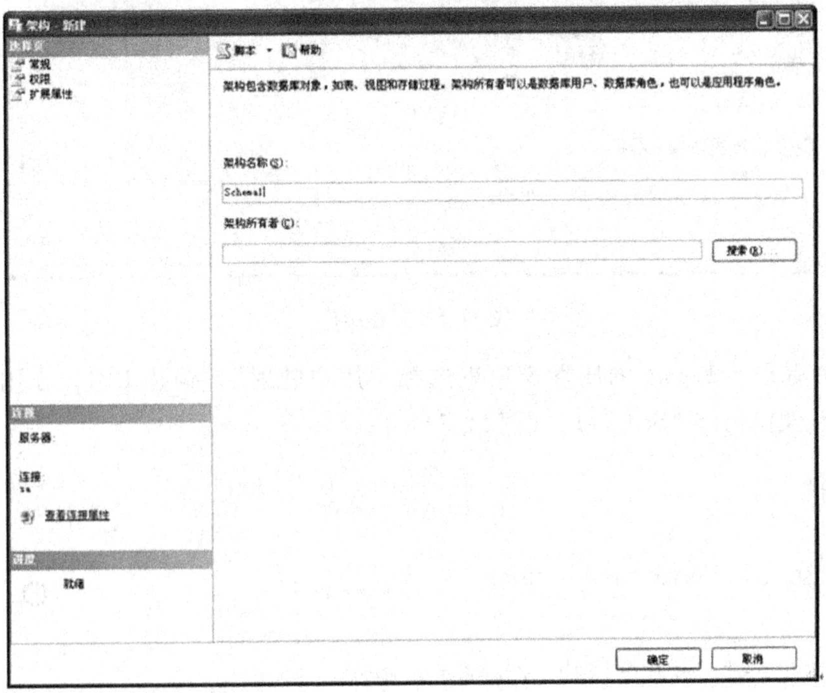

图 11.5　新建架构

（4）通过资源管理器中数据库 DB1→安全性→用户的右键菜单 "新建架构" 新建 DB1 的用户 User1，登录名对应 Login1，默认架构选择 Schema1，角色选择 db_owner（图 11.6）。

```
use DB1
go
create user user1 for login Login1 with default_schema = schema1
go
exec sp_addrolemember n'db_owner', n'User1'
go
```

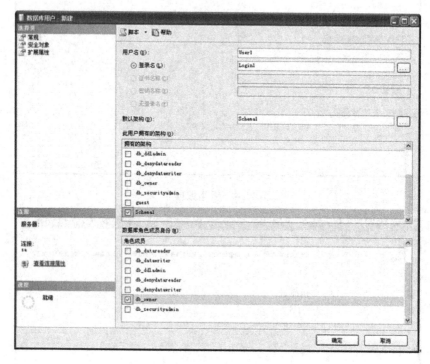

图 11.6　新建用户

（5）在登录名 Login1 的属性窗口里选择 "用户映射"，钩选 DB1，在用户里填写 User1，默认架构选择 "Schema1"（图 11.7）。

```
use DB1
go
alter user user1 with name = login1
go
alter user user1 with default_schema = schema1
go
```

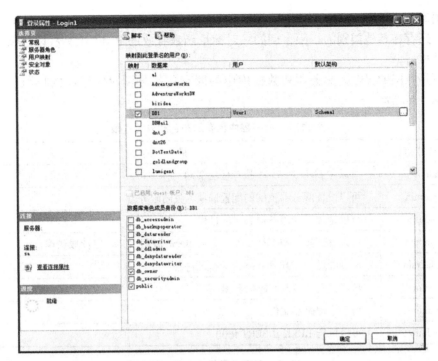

图 11.7　登录名映射用户

（6）以 login1 为登录名登录 SQL Server 服务器，然后在 DB1 数据库中新建表，表名会是 Schema1.Table1，其他对象也如此。当然还可以新建其他架构的对象 Schema2，只要 User1 拥有该架构，一样可以访问，如 Schema2. Table2 等。

值得注意的是，当为登录名映射数据库用户的时候，多个数据库可以有相同名称的用户，而单独为某个数据库新建的用户，如 User1，则在其他数据库里不允许同名。

我们一般用 sa（登录名）或 Windows administration（Windows 集成验证登录方式）登录，这种登录名具有最高的服务器角色，也就是可以对服务器进行任何一种操作，而这种登录名具有的用户名是 dbo（系统默认），也就具有对所有用户创建的数据库中的数据进行一切操作的权限，所以，一般我们感觉不到上述那些东西，但是它们确实存在。另外，如果我们不改变用户名称的话，系统会自动设定登录名和用户名相同。

11.3　权限的分配

11.3.1　权限的概念

权限指的是对数据库各方面进行操作的权力。权限的主体（也就是谁可以获得权限）可以是：

- Windows 级别：Windows 域登录名和本地登录名。
- SQL Server 级别：SQL Server 登录名和服务器角色。
- 数据库级别：数据库用户、数据库角色和应用程序角色。

权限的客体又是什么，也就是说主体可以获得什么权限？对于表和视图，拥有者可以授予数据库用户 INSERT、UPDATE、DELETE、SELECT 和 REFERENCES（外键参照）五种权限。还存在其他类别的权限，例如只对标量函数有效的 EXECUTE 权限，请参考更深层次的教材。

角色是权限的集合。服务器和数据库中的固有角色分别对应不同的权限集合，如表 11.1 和表 11.2 所示。

表 11.1　服务器中固有的角色对应的权限

固定服务器角色	描　　述
sysadmin	可以在 SQL Server 中执行任何活动
serveradmin	可以设置服务器范围的配置选项，关闭服务器
setupadmin	可以管理链接服务器和启动过程
securityadmin	可以管理登录和 CREATE、DATABASE 权限，还可以读取错误日志和更改密码
processadmin	可以管理在 SQL Server 中运行的进程
dbcreator	可以创建、更改和除去数据库
diskadmin	可以管理磁盘文件
bulkadmin	可以执行 BULK INSERT 语句

表 11.2　固有的数据库角色对应权限

固定数据库角色	描　　述
db_owner	在数据库中有全部权限
db_accessadmin	可以添加或删除用户 ID
db_securityadmin	可以管理全部权限、对象所有权、角色和角色成员资格
db_ddladmin	可以发出 ALL DDL，但不能发出 GRANT、REVOKE 或 DENY 语句
db_backupoperator	可以发出 DBCC、CHECKPOINT 和 BACKUP 语句
db_datareader	可以选择数据库内任何用户表中的所有数据
db_datawriter	可以更改数据库内任何用户表中的所有数据
db_denydatareader	不能选择数据库内任何用户表中的任何数据
db_denydatawriter	不能更改数据库内任何用户表中的任何数据

11.3.2　权限分配

对于用户或角色权限的操作有以下 3 种状态：授予、拒绝和废除。用户和角色的权限以记录的形式存储在各个数据库的 sysprotects 系统表中。

1. 授予权限：GRANT，表示用户或角色能够执行某项操作

利用 GRANT 语句可以给数据库用户或数据库角色赋予执行 T-SQL 语句的权限及对数据库对象进行操作的权限。语法格式：

GRANT ｛ALL［PRIVILEGES］｜ permission［,…n］｝

```
{  [（column  [ , . . . n]）]  ON  {table | view}
|  ON  {table | view}  [（column  [ , . . . n]）]
|  ON  {stored_procedure | extended_procedure}
|  ON  {user_defined_function}
}  TOsecurity_account  [ , . . . n]
[WITHGRANT OPTION ]
        [ AS { group | role } ]
```

例 11. 2　授予角色 guest 对 "学生成绩管理系统" 数据库中 "学生表" 的 INSERT、UPDATE、DELETE 权限。

```
use 学生成绩管理系统
go
grant select, update, delete
on 学生表
to guest
go
```

对权限的设置当然也可以通过图形界面完成，只是过程稍显繁琐。

例 11. 3　借助管理控制器完成例 11. 2 的授权操作。

（1）从资源管理器中的 "学生成绩管理系统" → "安全性" →用户中选择 "guest"，右键选择 "属性"，打开用户属性窗口（图 11. 8）。

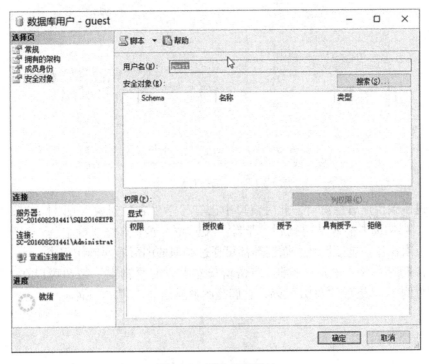

图 11.8　用户属性窗口

（2）从窗口可见该用户目前没有任何权限。为该用户设置安全对象，点击 "搜索"，弹出"添加对象"对话框（图 11.9），可选择添加特定对象，或一类对象，或一个结构（所包含的所有对象）。保持"特定对象"选择不变，点击"确定"。

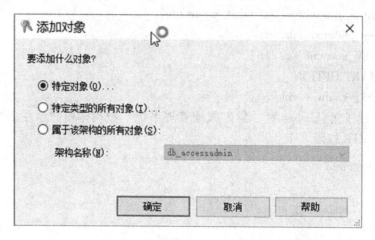

图 11.9　"添加对象"窗口

（3）从弹出的"选择对象"对话框（图 11.10）中点击"对象类型"，并钩选"表"后点击"确定"；返回到"选择对象"对话框，点击"浏览"选择"学生表"后按"确定"；再点击"确定"退出"选择对象"对话框。

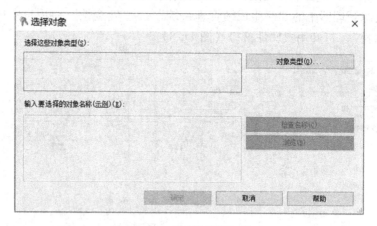

图 11.10　"选择对象"窗口

（4）退回到用户属性窗口，此时窗口中已有"学生表"对象（图 11.11）；在界面下方"授予"列钩选"插入""更新""删除"复选框，然后点击"确定"。

其他权限操作，包括拒绝、撤销等都可通过类似的图形界面操作完成。

另外，最后一步"确定"之前，点击窗口左上方的"脚本"按钮可以在查询分析器窗口看到与例 11.2 近似的 SQL 代码，它们是图形操作的"脚本"描述。

图 11.11　已添加对象的用户属性窗口

2. 拒绝权限：DENY，表示用户或角色不能执行某项操作，也称禁止权限

使用 DENY 命令可以拒绝给当前数据库内的用户授予的权限，并防止数据库用户通过其组或角色成员资格继承权限。语法格式：

　　DENY { ALL | statement [,...n] } TO security_account [,...n]

拒绝对象权限。

语法格式：

　　DENY　{ ALL [PRIVILEGES] | permission [,...n] }
　　　{
　　[(column [,...n])] ON { table | view }
　　| ON { table | view } [(column [,...n])]
　　| ON { stored_procedure | extended_procedure }
　　| ON { user_defined_function }
　　　}　TO　security_account [,...n]
　　[CASCADE]

例 11.4　首先给 public 角色授予对于教师表的 SELECT 权限，然后，拒绝用户 zhang，wang 的特定权限，这样，这些用户就没有对教师表的操作权限了。

```
use 学生成绩管理系统
go
grant select on 教师表 to public
go
deny select, insert, update, delete on 教师表 to zhang, wang
```

go

例 11.5 首先将在"教务管理系统"数据库的"学生表"中执行 INSERT 操作的权限授予 public 角色,这样所有的数据库用户都拥有了该项权限。然后拒绝用户 guest 拥有该项权限。

```
use  教务管理系统
go
grant insert
on 学生表
to  public
go
deny  insert
on  学生信息
to  guest
go
```

3. 撤销权限:REVOKE

表示废除以前用户或角色所具有的允许权限或拒绝权限,但是当用户继承其他角色时,用户的权限以其他角色的权限为准。

利用 REVOKE 命令可取消以前给当前数据库用户授予或拒绝的权限。因此如果撤销一个拒绝的权限,实际上是恢复该权限。

语法格式:

```
REVOKE [ GRANT OPTION FOR ]      { ALL [ PRIVILEGES ] | permission [ ,...n ] }
{   [ (column [ ,...n ]) ] ON { table | view }
|  ON { table | view } [ (column [ ,...n ]) ]
|  ON { stored_procedure | extended_procedure }
|  ON { user_defined_function }
  }
    { TO | FROM }
    security_account [ ,...n ]
[ CASCADE ]
[ AS { group | role } ]
```

例 11.6 取消已授予用户 zhang 和 zhou 的 CREATE TABLE 权限。

```
revoke create table from zhang, zhou
go
```

例 11.7 取消以前对 zhang 授予或拒绝的权限。

```
revoke select on 学生表 from zhang
```

例 11.8 在"教务管理系统"数据库中,使用 REVOKE 语句撤销 guest 角色对学生表所拥有的 INSERT、UPDATE、DELETE 权限。

```
use 教务管理系统
go
revoke select, update, delete
on object: 学生信息
from  guest
```

例 11.9　不同权限用户的创建（基于 SQL 编码）。

数据库 library 中有基本表：学生表 student、图书表 book、借阅表 borrow。需要为数据库创建两个用户——学生用户（student_user）、管理员用户（admin_user）。其中学生用户只能查阅（select），而管理员用户可以查阅（select）、更新（update）、插入（insert）、删除（delete）。

完整的过程如下：

（1）创建登录名，并为登录名指定用户。

①学生用户。

```
use library
go
create login stu with password ='123';
go
create user student_user for login stu;
```

②管理员用户。

```
use library
go
create login adminwith password ='123';
go
create user admin_user for login admin;
```

（2）创建角色并为角色授权。

①学生角色。

```
create role student_role;
grant select on book to student_role;
grant select on borrow to student_role;
grant select on student to student_role;
```

②管理员角色。

```
create role admin_role;
grant select, update, delete, insert on book to admin_role;
grant select, update, delete, insert on borrow to admin_role;
grant select, update, delete, insert on student to admin_role;
```

管理科学与工程类专业应用型本科系列规划教材

（3）将角色授予用户。

student_role 授予 student_user，admin_role 授予 admin_user。

①student_role 授予 student_user。

```
exec sp_addrolemember
@ rolename ='student_role',
@ membername ='student_user';
```

②admin_role 授予 admin_user。

```
exec sp_addrolemember
@ rolename ='admin_role',
@ membername ='admin_user';
```

分别用 student 和 admin 登录，可以发现 student 登录后只能对基本表进行查询操作，而 admin 登录后除了可以查询外，还可以插入、删除、更新。不同权限的用户进行不同的操作，从而使得数据库更加安全。

【习题】

1. 为"学生成绩管理系统"创建一个登录名"student"，并赋予其查看"学生表""成绩表"的权限。

2. 如果希望创建一个登录名"student_李明"，赋予其查看"成绩表"中李明全部成绩的权限，但不允许查看其他任何同学的成绩，应如何实现？

第 12 章　Java 程序连接数据库

应用程序必须通过 DBMS 来访问数据库中的数据，DBMS 要向应用程序提供一个访问接口（API，一组函数），应用程序通过调用它们来访问数据库。

应用程序访问数据库的方式有以下两种。

（1）通过可以嵌套 SQL 的宿主语言。

（2）通过应用程序接口，允许将 SQL 查询送给数据库：

- ODBC：开放数据库互联（open database connectivity）的缩写，它是由 Microsoft 公司联合一些数据库厂商共同推出的一个应用程序访问数据库的公共接口（API）标准。应用程序可以通过它访问任何一种数据源而不必了解该数据源的细节（当然该数据源要按 ODBC 标准提供驱动程序）。
- JDBC：可用于执行 SQL 语句的 Java API。它由一些 Java 语言编写的类和界面组成。JDBC 为数据库应用开发人员、数据库前台工具开发人员提供了一种标准的应用程序设计接口，使开发人员可以用纯 Java 语言编写完整的数据库应用程序。
- 其他：如 RDO，ADO 和 OLEDB。这些接口目前并不能代替 ODBC。

不同的高级语言都有各自连接数据库的最佳手段，本节只讨论基于 Java 语言、使用 JDBC 连接数据库的方法。

12.1　获取 JDBC

在微软中国的网站搜索"JDBC"即可进入 JDBC 的下载页面（当前的网址是：https://www.microsoft.com/zh-CN/download/details.aspx?id=11774）。用户可选择下载需要的版本。

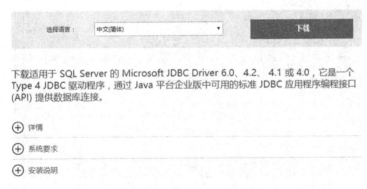

图 12.1　JDBC 下载页面

就版本而言，Microsoft JDBC Driver 4.0 for SQL Server 支持任何 Java 应用程序、应用程序服务器或支持 Java 的小程序访问 SQL Server&reg 2012、SQL Server 2008 R2、SQL Server

2008、SQL Server 2005 和 SQL Azure；更新版本的 Microsoft JDBC Driver 6.0 for SQL Server 提供对 SQL Server 2016、SQL Server 2014、SQL Server 2012、SQL Server 2008 R2、SQL Server 2008 和 Azure SQL Database 的可靠数据访问。换言之，SQL Server 2005 需要的 JDBC 为 4.0 版本，更高版本的 SQL Server 适合使用 6.0 版本的 JDBC。

无论下载.exe 文件或 tar.gz 文件都是压缩文件，前者是自解压包。解压后会得到两个 jar 文件：sqljdbc.jar 和 sqljdbc4.jar（或 sqljdbc42.jar，对应 JDBC 6.0 版本）。sqljdbc.jar 是针对 jdk1.6 之前的旧 Java 版本，一般不适用，而 sqljdbc4.jar 文件（对应 JDBC 4.0 版本）或 sqljdbc42.jar（对应 JDBC 6.0 版本）就是我们需要的驱动，将其解压到某目录即可。

12.2　配置 SQL Server 网络环境

（1）选择"开始"→"Microsoft SQL Server 2005"或"SQL Server 2016"→"配置工具"→"SQL Server 配置管理"。

（2）确保 SQL Server 服务已启动，否则通过"SQL Server 服务"的右键菜单启动。

（3）选择"SQL Server 网络配置"→"MSSQLEXPRESS 的协议"（MSSQLEXPRESS 为已安装 SQL Server 2005 的默认实例名称），在右侧窗口右击"TCP/IP"将其启用；如果通过右键菜单查看其属性可将其端口设置为 4470（图 12.2）；端口号也可更改为其他数字，只要保证后续的 Java 代码中使用该端口号即可。

（4）重启 SQL Server 服务后新的网络配置才能生效。选择"SQL Server 服务"，右键选择"重新启动"，等待启动完毕即可。

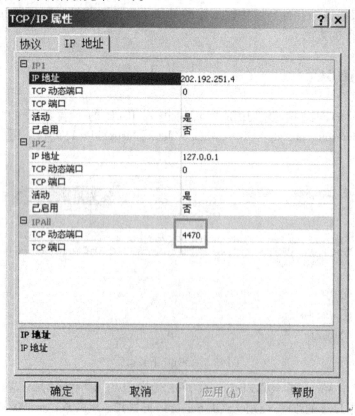

图 12.2　配置 TCP/IP 属性

12.3　Java 应用程序连接数据库

应用程序连接数据库的第一步是导入 JDBC 库。以 Eclipse 连接数据库为例，新建一个 Java 项目后，通过"项目的属性"→"Java 构建路径"→"库"→"添加库"（如果 jar 包已经拷入项目）或"添加外部库"（如果 jar 包放在其他目录），添加前面已解压的 sqljdbc4. jar 文件。

JDBC 为 Java 应用程序提供了一系列的类，使其能够快速高效地访问数据库；这些功能是由一系列的类和对象来完成的，我们只需使用相关的对象，即可完成对数据库的操作。来自 JDBC 的 Java. sql 包中的一些接口说明见表 12.1。

表 12. 1　Java. sql 包的接口

接口名称	说　明
Connection	连接对象，用于与数据库取得连接
Driver	用于创建连接（Connection）对象
Statement	语句对象，用于执行 SQL 语句，并将数据检索到结果集（ResultSet）对象中
PreparedStatement	预编译语句对象，用于执行预编译的 SQL 语句，执行效率比 Statement 高
CallableStatement	存储过程语句对象，用于调用执行存储过程
ResultSet	结果集对象，包含执行 SQL 语句后返回的数据的集合

现在可以开始连接数据库的编程工作了，具体步骤为：

（1）使用 JDBC 库。

JDBC 导入后需要在 Java 类文件中调用所需的类和接口，首先需要在类的开头显式地声明如下语句：

import Java. sql. ＊

其次加载 JDBC 驱动：

Class. forName（"com. microsoft. sqlserver. jdbc. SQLServerDriver"）

（2）创建 Connection 对象连接数据库。

Connection conn ＝ DriverManager. getConnection（＜url＞，＜user＞，＜password＞）

括号内的第一个参数＜url＞的格式：

JDBC：sqlserver//＜主机名＞：＜端口＞［；DatabaseName ＝＜数据库名＞］［；属性名 2 ＝属性值］［；属性名 3 ＝属性值］...

其中的"microsoft"常可省略；连接的其他参数都可以用"属性名 ＝属性值"方式告知数据库。

一个 url 的例子：

"jdbc：sqlserver：//192. 168. 2. 19：1433；DatabaseName ＝ GongsiGL；useUnicode ＝ true；characterEncoding ＝ GBK"

getConnection 方法的第 2 和第 3 个参数是登录所需用户名和密码。

（3）创建 Statement 对象。

一旦成功连接到数据库，获得 Connection 对象后，必须通过 Connection 对象的 createStatement 方法来创建语句对象，后续才可以执行 SQL 语句：

Statement sta = con. createStatement ( )

（4）执行 SQL 语句。

通过已创建的 Statement 对象的方法来执行 SQL 语句。如果执行的是不需要返回数据的语句，例如 "INSERT INTO Table1 VALUES（'田七'，'重庆'）"，则可以使用其方法 executeUdpate（＜SQL 语句＞）；如果需要返回数据，则需要使用方法 executeQuery（＜SQL 语句＞），并使用 ResultSet 对象接收返回数据。

（5）使用 ResultSet 对象。

如果执行的 SQL 语句有返回结果集，需要使用 ResultSet 对象接收，例如：

ResultSet rs = sta. executeQuery（"SELECT ＊ FROM Table1"）

ResultSet 包含符合 SQL 语句中条件的所有行，并且它通过一套 get 方法（这些 get 方法可以访问当前行中的不同列）提供了对这些行中数据的访问（详见示例）。ResultSet. next 方法用于移动到 ResultSet 中的下一行，使下一行成为当前行。当结果集已经到末尾，则 next 方法返回 false，这可以作为访问终止标志。

（6）依次关闭 ResultSet 对象、Statement 对象、Connection 对象。

当对数据库的操作结束后，应当将所有已经被打开的资源关闭，否则会造成资源泄漏；Connection 对象、Statement 对象和 ResultSet 对象都有执行关闭的方法：最后打开的资源最先关闭，最先打开的资源最后关闭。

另外，创建和关闭上述对象的过程中有可能抛出 SQLException 异常，必须捕捉或抛出。

例 12.1 使用 JDBC 连接数据库 "公司管理系统"，查询 "部门表" 的全部内容[①]。

```
import java. sql.＊ ;
  public class Test2
{
    public static void main( String[ ] args)
    {
        String strCon = " jdbc: sqlserver: //localhost: 4470; databaseName =公司管理
系统"; // 连接字符串
        String strUser = "sa"; // 数据库用户名
        String strPwd = "123"; // 口令
```

---

① 部门表的结构：

　　部门表（

　　　　部门编号 int identity（1，1）not null primary key,

　　　　部门名称 char（20）null,

　　　　负责人编号 int null）

```
System.out.println("正在连接数据库...");
try
{ // 监控异常
Class. forName (" com. microsoft. sqlserver. jdbc. SQLServerDriver"); // 加载
驱动程序
        Connection con;
        // 获得连接对象
        con = DriverManager. getConnection (strCon, strUser, strPwd);
        System. out. println ("成功连接到数据库。");

        Statement sta = con. createStatement (); // 创建语句对象
        // 执行 SQL 语句
        String sqlSelect =" select *  from 部门表";
        ResultSet rs =sta. executeQuery (sqlSelect);
        while (rs. next ())
         {
            System. out. print (rs. getString ("部门名称") + " \ t"); //获得字符串
            System. out. print (rs. getInt ("部门编号") + " \ t"); //获得整数
            System. out. print (rs. getInt ("负责人编号"));
            System. out. println ();
         }
        rs. close ();
        sta. close ();
        con. close (); // 关闭所有已经打开的资源
    } catch (ClassNotFoundException cnfe)
     {
            cnfe. printStackTrace ();
        } catch (SQLException sqle)
         {
            sqle. printStackTrace ();
        }
     }
}
```

上述程序对 2005 和 2016 两个版本的 SQL Server 都适用，只不过对应 SQL Server 2016，需要使用的 jdk 和 Eclipse 版本都必须较新，例如 jdk1. 8 + Eclipse 4. 6. 1 版（Neon. 1a 版）。

【习题】

1. 本章内容没有提供更复杂的、通过图形界面查询和获取数据的方法，请借助 Java 的 swing 控件设计一个这样的图形程序。

2. 编制一个 Java 图形界面，实现 11 章习题第 2 小题的功能，即通过该界面，每位同学只能看到自己的成绩。尝试以姓名为用户名、以学号为密码识别登录界面的用户。

第13章 实 验

实验1：熟悉 SQL Server

一、实验目的

（1）熟悉 SQL SERVER 2005 企业管理器、查询分析器的基本使用方法。

（2）了解 SQL SERVER 2005 数据库的逻辑结构和物理结构及其结构特点。

二、实验内容

任务1：完成简单的代码录入。

（1）打开 SQL Server 2005 管理控制器；

（2）打开查询分析器；

（3）输入一段 SQL 代码并执行（其中的注释语句可以不输入）：

declare @ a char(5)；

declare @ b varchar(5)；

declare @ c varchar(4)；——在数据定义中汉字占两个字符位置

select @ a ='12',@ b ='12345678',@ c =' 数据库 '；

select @ a,@ b,@ c,len(@ a) as a 的长度,len(@ b) as b 的长度,len(@ c) as c 的长度

——len 函数不管汉字还是英文，一个字符算一个长度单位

print @ @ version

（任务提示请参考 5.1.3 节）

任务2：下述代码有三处错误，请将其改正后运行。

declare @ a varchar（20）　　　-- 第 1 行

set @ a = abc　　　　　　　　-- 第 2 行

Select 　@ a，len（a）　　　　-- 第 3 行

三、实验分析

（1）管理控制器的作用。

SQL Server 2005 将前一版本中的企业管理器、分析管理器和 SQL 查询分析器的功能合为一身，为我们提供了新的工具 SQL Server Management Studio（SQL Server 管理中心或管理控制器），它是用来对本地或者远程服务器进行管理操作的服务器应用程序。

（2）服务管理器的作用。

主要是管理服务器开启、关闭等。

（3）查询分析器的作用。

查询分析器是一种工具，它允许用户输入和执行 SQL 语句，并返回语句的执行结果。查询分析器可以对数据库进行管理，包括数据库建立删除，用户建立删除，授权数据库其他管理，比如数据库备份、恢复，建立管理资料表等管理数据库用到的功能。

（4）数据库的类型及作用。

Tempdb 数据库：用于保存所有的临时表和临时存储过程，还可以满足任何的临时存储要求。

Master 数据库：用于存储 SQL Serve 系统的所有系统级信息，包括所有的其他数据库的信息、所有的数据库注册用户的信息以及系统配置等。

Model 数据库：一个模板数据库。

Msdb 数据库：用于代理程序调度报警和作业等系统操作。

（5）SQL Server 2005 的登录验证方式及不同登录方式的区别。

有两种，一是 Windows 身份验证，一是 SQL Server 身份验证。Windows 验证是集成于操作系统，利用判断系统账号来判定是否有权访问；而混合模式则是使用数据库自己的用户名进行访问，和系统账户不相干。

对任务 2 的说明：

任务 2 练习了一般的改错过程。三行代码输入后会弹出红色字体的出错信息：

```
消息 102，级别 15，状态 1，第 3 行
','附近有语法错误。
```

如果光标定位在其上双击，出错代码行将会高亮显示。从提示来看，之所以"，"处有语法错误，是因为 SQL 需要的是半角的逗号"，"，而非全角逗号（也就是中文的逗号）。

实验 2：流程语句编程练习

一、实验目的

熟悉 SQL 流程语句编程，掌握一般的 SQL 编程步骤。

二、实验内容

（1）编程实现。

计算如下公式，并将其结果打印出来。

$$\sum_{k-1}^{100} \frac{10.5k*(-1)^{k+1}}{2k-1}$$

（2）编程实现。

输出 1 到 1 000 之间能被 17，又能被 9 整除的数，并输出它们的和。

要用到的关键字：

- Declare：声明变量；
- Set：给变量赋值；
- While 以及 begin，end：创建循环；
- Print：打印字符串到屏幕上。

三、实验分析

（1）打印信息的方法：最常用的是 print 命令，如：

print 'Hello'；print 100；print @ a

如果要将两个字符串连起来，可以使用 + 号；

（2）数字和文字搭配输出时，需要首先使用函数 convert 将数字转换为字符串，如：

declare @ money int；set @ money = 100000

print '我想要的存款为：' + convert（char（40），@ money）

其中，"convert（char（40），@ money）"表示将变量@ money 转换为 char（40）类型的字符串再和前面字符串连接。

实验 3：自定义函数

一、实验目的

（1）掌握自定义函数的创建与使用。

（2）掌握简单的编程技巧。

二、实验内容

（1）定义一个用户标量函数 max3，用以实现判断返回三个数中最大数。

（2）设计一个函数 fit，要求输入身高和体重之后做出身材是否适中的判断，主要完成两个功能：

①根据输入的身高，报出对应的国际标准体重。

国际标准体重(公斤) = [身高(厘米) − 105] * 0.9

②根据输入的身高和体重，以体重指数 BMI（Body Mass Index）报出对身材的判断。

BMI = 体重（千克）/ [身高（米）的平方]

- 正常：18.5～22.9；
- 偏重：23～23.9；
- 超重：24～24.9；
- 一级肥胖：25～29.9；
- 二级肥胖：BMI > = 30。

（3）调用函数 max3，计算 5、5.1、5.01 三个数的最大值。

调用函数 fit 测算身高 1.7 米，体重 63 公斤的人的身材是否适中。

三、实验分析

（1）自定义函数格式参考。

CREATE FUNCTION ＜函数名＞（参数 AS 数据类型）

    RETURNS 输出数据类型

    BEGIN

函数内容

    RETURN 表达式

    END

（2）对于第 2 个任务的提示。

①输入参数中对应身高的数据类型一定要是非整数如 float，否则输入 1.72 会被视为整数 1；

②建议函数的输出为字符串，数据类型为 varchar（80）；

③可以用"between A and B"作为对变量取值范围的判断条件，但 A 必须小于 B。

实验 4：数据库与表的创建及操作

一、实验目的

（1）掌握创建数据库和表的操作。

（2）掌握数据输入、修改和删除操作。

二、实验内容

（1）创建数据库"仓库管理系统"。

（2）在该数据库中新建 6 个表（表 13.1～表 13.6）。

表 13.1　职工表

列名	数据类型	允许空	默认值	标识规范	其他约束
工号	Int			标识增量为 1，标识种子为 1	主码
姓名	Char（20）				
性别	Char（2）		'男'		
出生日期	Datetime				
职务	Char（20）	√			

表 13.2　零件表

列名	数据类型	允许空	默认值	标识规范	其他约束
零件编号	Int			标识增量为 1，标识种子为 1	主码
名称	Char（20）				
规格	Char（10）				
重量	Decimal（3，1）				

表 13.3 供应商表

列名	数据类型	允许空	默认值	标识规范	其他约束
供应商编号	Int			标识增量为 1，标识种子为 100	主码
名称	Char（20）				
地址	Char（20）				
联系电话	Char（15）	√			

表 13.4 工程表

列名	数据类型	允许空	默认值	标识规范	其他约束
项目编号	Int			标识增量为 1，标识种子为 1	主码
名称	Char（20）				
日期	Datetime				

表 13.5 零件选用表

列名	数据类型	允许空	默认值	标识规范	其他约束
零件编号	Int				外码，对应主码来自零件表零件编号
项目编号	Int				外码，对应主码来自工程表项目编号
选用数量	Char（10）				

主码：（零件编号，项目编号）组合而成

表 13.6 零件供应表

列名	数据类型	允许空	默认值	标识规范	其他约束
零件编号	Int				外码，对应主码来自零件表零件编号
供应商编号	Int				外码，对应主码来自工程表项目编号
可供数量	Int				

主码：（零件编号，供应商编号）组合而成

（3）生成数据库关系图，正确完成后的关系图应如图 13.1 所示。

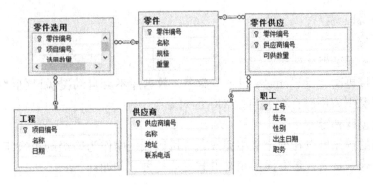

图 13.1 仓库管理系统数据库关系图

（4）插入数据。

- 职工表中插入数据：姓名"tom"，性别"男"，出生日期"1989 – 9 – 9"，职务为"采购员"；
- 零件表中插入数据：除零件编号外各列依次为"减速器"、"MT – 1"、20.5；
- 供应商表中插入数据：除供应商编号外各列依次为"新光公司""跃进路 10 号""1346547890"；
- 零件供应表中插入数据：零件编号为"减速器"对应编号，供应商编号为！"新光公司"对应编号，可供数量为 100。

（5）在查询分析器中运行下述代码以常看各表内容：

```
select *  from 职工
select *  from 零件
select *  from 供应商
select *  from 零件供应
```

显示的结果见图 13.2。

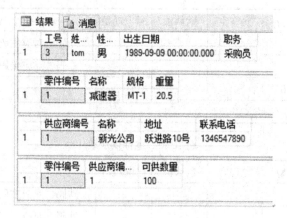

图 13.2　插入数据后的查询结果

三、实验分析（具体操作参考第 7 章）

（1）表创建错了要重新创建怎么办？

先删除该表：

drop table 职工表

再重新运行

create table 职工表（……）

不能够直接再次运行"create table"命令，数据库不会自动覆盖已创建的表，只会弹出出错提示"数据库中已存在名为 'XXX' 的对象"。

（2）如何创建外键？

创建外键的操作可以在列定义中完成，也可以在表中作为表级约束来定义，还可以使用更改表的方式来定义。最方便的定义方式是第一种，例如：

CREATE TABLE Reader(

RID int identity(1,1)　PRIMARY KEY　——读者编号,主键

Rname char(8) NULL, ——读者姓名

TypeID int NULL FOREIGN KEY REFERENCES

ReaderType(TypeID)　,——读者类型

Lendnum int NULL , ——已借数量

)

其中 TypeID 的定义行中加粗语句为外键的定义,表示 TypeID 列是来自 ReaderType 表的外键,参考自该表同名 TypeID 列。

（3）创建多个表有先后顺序吗?

如果要创建的表中存在外键约束,则必须先创建外键所连接的来源表,本表才能创建;出于同样的原因,表中插入数据时,表中外键的内容必须是对应来源表中已有的内容,因此必须先在来源表中输入主键的值,才能在外键所在的表中输入相同值。

（4）插入数据时,为什么有些列不需要插入?

被定义为自动增量（identity）的列,它们的数据由 SQL Server 自动生成,例如 identity（1,2）表示该列的数据从 1 开始,每行增加 2（因此该列的数据构成数列 1,3,5,7,…）;这样的列不需要用户输入数据,也不能输入数据,用户插入数据时忽略该列即可。

另外设置了默认值的列可以输入数据,也可以不输入数据,不输入时系统以默认值填充。

实验 5:数据库查询 1

一、实验目的

（1）掌握使用查询分析器进行查询的一般过程。

（2）掌握一般的 SQL 查询逻辑手段。

二、实验内容

（1）使用提供的脚本创建“公司管理系统”数据库。脚本如下:

```
use master
IF  EXISTS (SELECT name FROM sysdatabases WHERE name = '公司管理系统')
DROP DATABASE 公司管理系统
go

create database 公司管理系统
go
use 公司管理系统
create table 职工表
(
职工编号 int identity(1,1) primary key not null,
```

```
姓名 char(6) not null,
性别 char(2) default ' 男 'not null,
出生日期 smalldatetime null,
部门编号 int not null
)
go
create table 部门表
(
部门编号 int identity(1,1) primary key,
部门名称 char(20),
负责人编号 int foreign key references 职工表(职工编号)
)
go
create table 客户表
(
客户编号 int identity(1,1) primary key,
客户名称 char(20),
地址 varchar(50)
)
go

create table 项目表
(
项目编号 int identity(1,1) primary key,
项目名称 char(20),
负责人编号 int foreign key references 职工表(职工编号),
客户编号 int foreign key references 客户表(客户编号)
)
go
——————按正确的顺序给各表插入数据
insert   职工表
values(' 李保田 ',' 男 ','1986 -8 -8',1)
insert   职工表
values(' 刘建军 ',' 男 ','1976 -8 -3',1)
insert   职工表
values(' 张凯旋 ',' 男 ','1966 -8 -8',2)
insert   职工表
values(' 邓理解 ',' 男 ','1996 -8 -8',1)
insert   职工表
values(' 周再造 ',' 女 ','1956 -8 -8',3)
```

```
insert   职工表
values('kathe',' 女 ','1996 -8 -8',1)
insert   职工表
values(' 王好好 ',' 女 ','1986 -8 -8',4)
insert   职工表
values(' 张明敏 ',' 女 ','1996 -8 -8',4)
insert   职工表
values(' 李可赏 ',' 女 ','1946 -8 -8',2)
insert   职工表
values(' 李至大 ',' 女 ','1986 -8 -8',2)
insert   职工表
values(' 何天李 ',' 男 ','2006 -8 -8',3)
insert   职工表
values('jack',' 男 ','1986 -8 -8',1)
insert 部门表
values(' 财务部 ',1)
insert 部门表
values(' 技术部 ',2)
insert 部门表
values(' 网络中心 ',3)
insert 部门表
values(' 销售部 ',4)

insert 客户表
values('IBM',' 上海市环市中路 ')
insert 客户表
values('MicroSoft',' 上海市陆家嘴 45 号 ')
insert 客户表
values('ABB',' 江门市小鸟天堂 ')
insert 客户表
values(' 五邑大学 ',' 江门市东成村 22 号 ')
insert 客户表
values(' 环球集团 ',' 江门市建设路 12 号 ')
insert 项目表
values(' 数据库大型构建 ',1,1)
insert 项目表
values(' 信息管理系统 ',2,3)
insert 项目表
values(' 电子商务网站 ',1,4)
insert 项目表
```

```
values('北街32号肉摊',2,2)
insert 项目表
values('打印服务社',3,1)
insert 项目表
values('空中客车',2,1)
```

(2) 编码实现查询语句如下：

①查询所有不在江门的客户的名称及地址；

②查询客户 IBM 对应的项目信息；

③查询销售部的女职工中年龄小于 45 岁的职工的姓名、职工编号、出生日期；

④找出职工表中的 60 后职工和他所负责的项目信息（提示："负责人编号"是外键，参考自"职工编号"）；

全部查询语句运行之后的结果见图 13.3。

结果 | 消息

	客户编号	客户名...	地址
1	1	IBM	上海市环市中路
2	2	MicroSoft	上海市陆家嘴45号

	客户名称	项目编...	项目名称	负责人编...	客户编号
1	IBM	1	数据库大型构建	1	1
2	IBM	5	打印服务社	3	1
3	IBM	6	空中客车	2	1

	姓名	职工编...	出生日期
1	王好好	7	1986-08-08 00:00:00
2	张明敏	8	1996-08-08 00:00:00

	姓名	项目编...	项目名称	负责人编...	客户编号
1	张凯旋	5	打印服务社	3	1

图 13.3　实验 5 查询结果

三、实验分析

请参考第 8 章内容。

实验 6：数据库查询 2

一、实验目的

（1）掌握使用查询分析器进行查询的一般过程。

（2）掌握高级 SQL 查询的逻辑手段。

二、实验内容

（1）使用实验 5 的脚本创建"公司管理系统"数据库。

（2）完成下列查询。

①查询财务部负责的所有客户名称和地址（根据关系图确定表间关系之后使用表连接实现查询）。

提示：如果有重复行，应该增加什么关键字去除重复行？

②查询每个客户各自委托了几个项目，并按客户项目数从高到低排列。

③查询负责了最多项目的职工的全部信息。

提示：构建子查询，查出所有职工负责的项目数降序排列，并只输出第一行，且只输出职工编号一列（这样子查询的结果就可以用来作为父查询的查询条件了！）。

④统计每个部门没有负责任何项目的职工的人数（相关子查询，使用 EXISTS 关键字）

查询正确完成后的结果见图 13.4。

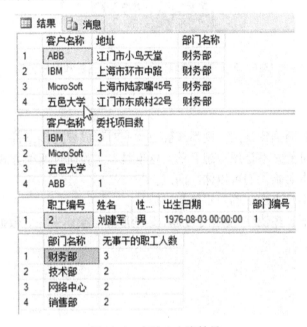

图 13.4　实验 6 查询结果

三、实验分析

请参考第 8 章内容。

实验 7：视图

一、实验目的

（1）掌握创建视图的一般过程。

（2）掌握高级 SQL 查询的逻辑手段。

（3）了解通过 SQL 代码和通过图形界面创建视图的不同。

二、实验内容

（1）使用实验 5 的脚本创建"公司管理系统"数据库。

（2）使用图形界面创建视图"视图 A"，视图包含内容为所有技术部职工负责的项目名称和客户名称。

（3）使用 SQL 代码创建视图"视图 B"，视图包含内容为所有技术部职工负责的项目名称和客户名称。

（4）使用"select ∗ from 视图 A"和"select ∗ from 视图 B"语句查看两个视图的内容是否有差异。若有差异，找出哪个是正确的及差异原因。

正确的视图内容应如图 13.5 所示。

图 13.5　所有技术部职工负责的项目名称和客户名称

三、实验分析

如果采用图形界面创建视图，则系统会自动配对形成表连接条件；当表间关系比较复杂时，这种配对很可能并不是用户想要的。这也是本实验通过两种方式实现的视图内容不一致的原因。通过本实验我们可以体会两点：

（1）计算机并不是永远正确，不要想当然。

（2）一般情况下，多使用 SQL 代码而不是图形界面操作来完成数据库任务更可靠也更有效率。

参考文献

［1］程云志，张帆，崔翔，等. 数据库原理与 SQL Server 2005 应用教程［M］. 北京：机械工业出版社，2008.

［2］王珊，萨师煊. 数据库系统概论［M］. 5 版. 北京：高等教育出版社，2014.

［3］西尔伯沙，等. 数据库系统概念［M］. 杨冬青，等，译. 北京：机械工业出版社，2006.

附录　数据库"学生成绩管理系统"完整脚本

```
/* 此脚本将删除原有的"学生成绩管理系统"数据库(如果"学生成绩管理系统"已存在
的话)
此脚本在 sql server 2005 精简版及 sql server 2016 速成版运行成功.* /
use master
go
if exists (select *  from sys.databases where name = '学生成绩管理系统')
drop database 学生成绩管理系统 ——删除数据库
go
create database 学生成绩管理系统
go
use 学生成绩管理系统
go


create table dbo.成绩表(
    学号 char(5) not null,
    教师编号 char(5) not null,
    课程号 char(5) not null,
    分数 decimal(5, 1) null,
constraint pk_成绩表 primary key clustered
(
    学号 asc,
    教师编号 asc,
    课程号 asc
)
)
go

create table dbo.教师表(
    教师编号 char(5) not null,
    姓名 char(6) not null,
    性别 char(2) null,
```

```
    出生日期 smalldatetime null,
    学院名称 char(20) null,
    学历 char(10) null,
    职称 char(10) null,
    备注 text null,
constraint pk_教师表 primary key clustered
(
    教师编号 asc
)
)
go
create table dbo.课程表(
    课程号 char(5) not null,
    课程名 char(20) not null,
    学分 tinyint not null,
    备注 text null,
constraint pk_课程表 primary key clustered
(
    课程号 asc
)
)
go
create table dbo.学生表(
    学号 char(5) not null,
    姓名 char(6) not null,
    性别 char(2) null,
    学院名称 char(20) null,
    出生日期 smalldatetime null,
    入学时间 smalldatetime null,
    出生地 char(10) null,
    政治面貌 char(10) null,
    备注 text null,
constraint pk_学生表 primary key clustered
(
    学号 asc
)
)
go
create table dbo.用户表(
```

```
        用户名 char(10) not null,
        密码 char(10) null,
constraint pk_用户表 primary key clustered
(
        用户名 asc
)
)
go
```

——开始插入记录;n 代表存入数据库时以 unicode 格式存储

insert dbo.成绩表（学号，教师编号，课程号，分数）values（n'10018', n'9 ', n'1 ', null)

insert dbo.成绩表（学号，教师编号，课程号，分数）values（n'10001', n'2 ', n'14 ', 40.0)

insert dbo.成绩表（学号，教师编号，课程号，分数）values（n'10020', n'11 ', n'14 ', 49.0)

insert dbo.成绩表（学号，教师编号，课程号，分数）values（n'10007', n'4 ', n'3 ', 50.0)

insert dbo.成绩表（学号，教师编号，课程号，分数）values（n'10020', n'4 ', n'5 ', 50.0)

insert dbo.成绩表（学号，教师编号，课程号，分数）values（n'10013', n'2 ', n'14 ', 52.0)

insert dbo.成绩表（学号，教师编号，课程号，分数）values（n'10001', n'10 ', n'7 ', 55.0)

insert dbo.成绩表（学号，教师编号，课程号，分数）values（n'10015', n'8 ', n'1 ', 55.0)

insert dbo.成绩表（学号，教师编号，课程号，分数）values（n'10020', n'7 ', n'8 ', 56.0)

insert dbo.成绩表（学号，教师编号，课程号，分数）values（n'10004', n'1 ', n'9 ', 60.0)

insert dbo.成绩表（学号，教师编号，课程号，分数）values（n'10014', n'2 ', n'13 ', 67.0)

insert dbo.成绩表（学号，教师编号，课程号，分数）values（n'10019', n'7 ', n'6 ', 68.0)

insert dbo.成绩表（学号，教师编号，课程号，分数）values（n'10014', n'3 ', n'3 ', 69.0)

insert dbo.成绩表（学号，教师编号，课程号，分数）values（n'10009', n'1 ', n'3 ', 70.0)

insert dbo.成绩表（学号，教师编号，课程号，分数）values（n'10014', n'1 ', n'5 ', 70.0) insert dbo.成绩表（学号，教师编号，课程号，分数）values（n'10019', n'11 ', n'13 ', 70.0）

insert dbo.成绩表（学号，教师编号，课程号，分数）values（n'10000', n'9 ', n'1 ', 74.0）

insert dbo.成绩表（学号，教师编号，课程号，分数）values（n'10014', n'9 ', n'1 ', 75.0）

insert dbo.成绩表（学号，教师编号，课程号，分数）values（n'10018', n'2 ', n'14 ', 75.0）

insert dbo.成绩表（学号，教师编号，课程号，分数）values（n'10004', n'3 ', n'10 ', 76.0）

insert dbo.成绩表（学号，教师编号，课程号，分数）values（n'10018', n'1 ', n'5 ', 76.0）

insert dbo.成绩表（学号，教师编号，课程号，分数）values（n'10009', n'6 ', n'12 ', 77.0）

insert dbo.成绩表（学号，教师编号，课程号，分数）values（n'10001', n'1 ', n'4 ', 80.0）

insert dbo.成绩表（学号，教师编号，课程号，分数）values（n'10008', n'9 ', n'1 ', 80.0）

insert dbo.成绩表（学号，教师编号，课程号，分数）values（n'10017', n'11 ', n'12 ', 80.0）

insert dbo.成绩表（学号，教师编号，课程号，分数）values（n'10006', n'3 ', n'5 ', 83.0）

insert dbo.成绩表（学号，教师编号，课程号，分数）values（n'10009', n'8 ', n'1 ', 84.0）

insert dbo.成绩表（学号，教师编号，课程号，分数）values（n'10021', n'2 ', n'13 ', 85.0）

insert dbo.成绩表（学号，教师编号，课程号，分数）values（n'10021', n'3 ', n'4 ', 85.0）

insert dbo.成绩表（学号，教师编号，课程号，分数）values（n'10021', n'8 ', n'18 ', 85.0）

insert dbo.成绩表（学号，教师编号，课程号，分数）values（n'10021', n'9 ', n'11 ', 85.0）

insert dbo.成绩表（学号，教师编号，课程号，分数）values（n'10005', n'1 ', n'10 ', 86.0）

insert dbo.成绩表（学号，教师编号，课程号，分数）values（n'10014', n'11 ', n'13 ', 86.0）

insert dbo.成绩表（学号，教师编号，课程号，分数）values（n'10000', n'1 ', n'3 ', 87.0）

insert dbo.成绩表（学号，教师编号，课程号，分数）values（n'10009', n'9 ', n'1 ',

87.0)

insert dbo.成绩表（学号，教师编号，课程号，分数）values（n'10016'，n'8 '，n'1 '，88.0)

insert dbo.成绩表（学号，教师编号，课程号，分数）values（n'10008'，n'2 '，n'12 '，89.0)

insert dbo.成绩表（学号，教师编号，课程号，分数）values（n'10019'，n'5 '，n'13 '，89.0)

insert dbo.成绩表（学号，教师编号，课程号，分数）values（n'10000'，n'3 '，n'4 '，90.0)

insert dbo.成绩表（学号，教师编号，课程号，分数）values（n'10003'，n'5 '，n'13 '，90.0)

insert dbo.成绩表（学号，教师编号，课程号，分数）values（n'10017'，n'9 '，n'1 '，90.0)

insert dbo.成绩表（学号，教师编号，课程号，分数）values（n'10003'，n'4 '，n'5 '，91.0)

insert dbo.成绩表（学号，教师编号，课程号，分数）values（n'10019'，n'4 '，n'5 '，91.0)

insert dbo.成绩表（学号，教师编号，课程号，分数）values（n'10003'，n'9 '，n'14 '，93.0)

insert dbo.成绩表（学号，教师编号，课程号，分数）values（n'10010'，n'10 '，n'6 '，94.0)

insert dbo.成绩表（学号，教师编号，课程号，分数）values（n'10003'，n'2 '，n'13 '，95.0)

insert dbo.成绩表（学号，教师编号，课程号，分数）values（n'10011'，n'5 '，n'14 '，96.0)

insert dbo.成绩表（学号，教师编号，课程号，分数）values（n'10012'，n'6 '，n'13 '，98.0)

insert dbo.教师表（教师编号，姓名，性别，出生日期，学院名称，学历，职称，备注）values（n'1 '，n' 李雅飞 '，n' 女 '，'1968 –06 –25'，n' 计算机学院 '，n' 本科 '，n' 教授 '，null)

insert dbo.教师表（教师编号，姓名，性别，出生日期，学院名称，学历，职称，备注）values（n'10 '，n' 刘强 '，n' 男 '，'1976 –02 –07'，n' 历史文化学院 '，n' 博士 '，n' 副教授 '，null)

insert dbo.教师表（教师编号，姓名，性别，出生日期，学院名称，学历，职称，备注）values（n'11 '，n' 吕世杰 '，n' 男 '，'1978 –01 –25'，n' 体育学院 '，n' 本科 '，n' 助教 '，null)

insert dbo.教师表（教师编号，姓名，性别，出生日期，学院名称，学历，职称，备注）values（n'2 '，n' 张晓晨 '，n' 女 '，'1971 –11 –03'，n' 体育学院 '，n' 研究生 '，n' 教授 '，null) insert dbo.教师表（教师编号，姓名，性别，出生日期，学院名称，学历，职称，备注）values（n'3'，n'秦力伟'，n'男'，'1976-07-12'，n'计算机学院'，n'研究生'，n'讲师'，null）

insert dbo.教师表（教师编号，姓名，性别，出生日期，学院名称，学历，职称，备注）values（n'4'，n'马宏伟'，n'男'，'1974-02-15'，n'计算机学院'，n'博士'，n'讲师'，null）

insert dbo.教师表（教师编号，姓名，性别，出生日期，学院名称，学历，职称，备注）values（n'5'，n'常卫国'，n'男'，'1965-01-25'，n'体育学院'，n'本科'，n'副教授'，null）

insert dbo.教师表（教师编号，姓名，性别，出生日期，学院名称，学历，职称，备注）values（n'6'，n'王超'，n'男'，'1970-01-25'，n'体育学院'，n'研究生'，n'副教授'，null）

insert dbo.教师表（教师编号，姓名，性别，出生日期，学院名称，学历，职称，备注）values（n'7'，n'王永刚'，n'男'，'1978-09-02'，n'历史文化学院'，n'研究生'，n'讲师'，null）

insert dbo.教师表（教师编号，姓名，性别，出生日期，学院名称，学历，职称，备注）values（n'8'，n'许利'，n'女'，'1969-03-10'，n'外语学院'，n'博士'，n'教授'，null）

insert dbo.教师表（教师编号，姓名，性别，出生日期，学院名称，学历，职称，备注）values（n'9'，n'冯新杰'，n'男'，'1965-05-05'，n'外语学院'，n'本科'，n'副教授'，null）

insert dbo.课程表（课程号，课程名，学分，备注）values（n'1'，n'大学英语'，6，null）

insert dbo.课程表（课程号，课程名，学分，备注）values（n'10'，n'模拟电路'，4，null）

insert dbo.课程表（课程号，课程名，学分，备注）values（n'11'，n'日语'，4，null）

insert dbo.课程表（课程号，课程名，学分，备注）values（n'12'，n'体育教育'，4，null）

insert dbo.课程表（课程号，课程名，学分，备注）values（n'13'，n'足球'，4，null）

insert dbo.课程表（课程号，课程名，学分，备注）values（n'14'，n'排球'，4，null）

insert dbo.课程表（课程号，课程名，学分，备注）values（n'16'，n'舞蹈'，4，null）

insert dbo.课程表（课程号，课程名，学分，备注）values（n'17'，n'装潢设计'，4，null）

insert dbo.课程表（课程号，课程名，学分，备注）values（n'18'，n'德语'，4，null）

insert dbo.课程表（课程号，课程名，学分，备注）values（n'2'，n'大学语文'，6，null）

insert dbo.课程表（课程号，课程名，学分，备注）values（n'3'，n'计算机网络'，4，null）

insert dbo.课程表（课程号，课程名，学分，备注）values（n'4'，n'操作系统'，5，null）

insert dbo.课程表（课程号，课程名，学分，备注）values（n'5'，n'数据库应用'，4，

管理科学与工程类专业应用型本科系列规划教材

null)

insert dbo.课程表（课程号，课程名，学分，备注）values（n'6 '，n' 世界史 '，4，null）

insert dbo.课程表（课程号，课程名，学分，备注）values（n'7 '，n' 中国古代史 '，4，null）

insert dbo.课程表（课程号，课程名，学分，备注）values（n'8 '，n' 中国现代史 '，5，null）

insert dbo.课程表（课程号，课程名，学分，备注）values（n'9 '，n' 数据结构 '，6，null）

insert dbo.学生表（学号，姓名，性别，学院名称，出生日期，入学时间，出生地，政治面貌，备注）values（n'10000'，n' 高黎明 '，n' 男 '，n' 计算机学院 '，'1986 − 11 − 05'，'2004 − 09 − 12'，n' 北京 '，n' 团员 '，null）

insert dbo.学生表（学号，姓名，性别，学院名称，出生日期，入学时间，出生地，政治面貌，备注）values（n'10001 '，n' 张强 '，n' 男 '，n' 计算机学院 '，'1985 − 01 − 14'，'2004 − 09 − 12'，n' 洛阳 '，n' 党员 '，null）

insert dbo.学生表（学号，姓名，性别，学院名称，出生日期，入学时间，出生地，政治面貌，备注）values（n'10002 '，n' 王亚伟 '，n' 男 '，n' 计算机学院 '，'1988 − 03 − 04'，'2005 − 09 − 15'，n' 重庆 '，n' 党员 '，null）

insert dbo.学生表（学号，姓名，性别，学院名称，出生日期，入学时间，出生地，政治面貌，备注）values（n'10003'，n' 牛晶晶 '，n' 女 '，n' 计算机学院 '，'1988 − 03 − 25'，'2005 − 09 − 15'，n' 北京 '，n' 团员 '，null）

insert dbo.学生表（学号，姓名，性别，学院名称，出生日期，入学时间，出生地，政治面貌，备注）values（n'10004'，n' 张伟 '，n' 男 '，n' 计算机学院 '，'1989 − 10 − 15'，'2006 − 09 − 10'，n' 上海 '，n' 党员 '，null）

insert dbo.学生表（学号，姓名，性别，学院名称，出生日期，入学时间，出生地，政治面貌，备注）values（n'10005'，n' 马永慧 '，n' 女 '，n' 计算机学院 '，'1987 − 06 − 14'，'2006 − 09 − 10'，n' 广州 '，n' 团员 '，null）

insert dbo.学生表（学号，姓名，性别，学院名称，出生日期，入学时间，出生地，政治面貌，备注）values（n'10006'，n' 孟战 '，n' 男 '，n' 计算机学院 '，'1986 − 08 − 01'，'2006 − 09 − 10'，n' 郑州 '，n' 党员 '，null）

insert dbo.学生表（学号，姓名，性别，学院名称，出生日期，入学时间，出生地，政治面貌，备注）values（n'10007'，n' 黄永超 '，n' 男 '，n' 计算机学院 '，'1986 − 07 − 05'，'2006 − 09 − 10'，n' 重庆 '，n' 党员 '，null）

insert dbo.学生表（学号，姓名，性别，学院名称，出生日期，入学时间，出生地，政治面貌，备注）values（n'10008'，n' 王建国 '，n' 男 '，n' 体育学院 '，'1986 − 02 − 27'，'2005 − 09 − 15'，n' 北京 '，n' 团员 '，null）

insert dbo.学生表（学号，姓名，性别，学院名称，出生日期，入学时间，出生地，政治面貌，备注）values（n'10009'，n' 刘防超 '，n' 男 '，n' 体育学院 '，'1986 − 01 − 03'，'2004 − 09 − 12'，n' 上海 '，n' 党员 '，null）

insert dbo.学生表（学号，姓名，性别，学院名称，出生日期，入学时间，出生地，政治面貌，备注）values（n'10010'，n' 王莹莹 '，n' 女 '，n' 体育学院 '，'1986 − 05 − 10'，

'2004 -09 -12', n'洛阳', n'团员', null)

insert dbo.学生表（学号，姓名，性别，学院名称，出生日期，入学时间，出生地，政治面貌，备注）values（n'10011', n'张亚非', n'女', n'体育学院', '1986 -05 -09', '2005 -09 -15', n'郑州', n'党员', null)

insert dbo.学生表（学号，姓名，性别，学院名称，出生日期，入学时间，出生地，政治面貌，备注）values（n'10012', n'王刚', n'男', n'体育学院', '1986 -12 -02', '2005 -09 -15', n'天津', n'团员', null)

insert dbo.学生表（学号，姓名，性别，学院名称，出生日期，入学时间，出生地，政治面貌，备注）values（n'10013', n'李刚', n'男', n'历史文化学院', '1986 -12 -19', '2006 -09 -10', n'北京', n'团员', null)

insert dbo.学生表（学号，姓名，性别，学院名称，出生日期，入学时间，出生地，政治面貌，备注）values（n'10014', n'叶晨', n'女', n'历史文化学院', '1986 -11 -01', '2006 -09 -10', n'武汉', n'团员', null)

insert dbo.学生表（学号，姓名，性别，学院名称，出生日期，入学时间，出生地，政治面貌，备注）values（n'10015', n'罗淑艳', n'女', n'历史文化学院', '1986 -10 -24', '2005 -09 -15', n'洛阳', n'党员', null)

insert dbo.学生表（学号，姓名，性别，学院名称，出生日期，入学时间，出生地，政治面貌，备注）values（n'10016', n'薛志强', n'男', n'历史文化学院', '1986 -02 -09', '2005 -09 -15', n'北京', n'党员', null)

insert dbo.学生表（学号，姓名，性别，学院名称，出生日期，入学时间，出生地，政治面貌，备注）values（n'10017', n'汤腾飞', n'男', n'历史文化学院', '1986 -03 -01', '2005 -09 -15', n'武汉', n'团员', null)

insert dbo.学生表（学号，姓名，性别，学院名称，出生日期，入学时间，出生地，政治面貌，备注）values（n'10018', n'朱永强', n'男', n'历史文化学院', '1986 -06 -22', '2006 -09 -10', n'天津', n'团员', null)

insert dbo.学生表（学号，姓名，性别，学院名称，出生日期，入学时间，出生地，政治面貌，备注）values（n'10019', n'赵亮亮', n'女', n'外语学院', '1986 -06 -19', '2006 -09 -10', n'北京', n'党员', null)

insert dbo.学生表（学号，姓名，性别，学院名称，出生日期，入学时间，出生地，政治面貌，备注）values（n'10020', n'吴永成', n'男', n'外语学院', '1986 -07 -04', '2005 -09 -15', n'重庆', n'团员', null)

insert dbo.学生表（学号，姓名，性别，学院名称，出生日期，入学时间，出生地，政治面貌，备注）values（n'10021', n'王萌', n'女', n'外语学院', '1986 -10 -14', '2004 -09 -12', n'广州', n'团员', null)

insert dbo.学生表（学号，姓名，性别，学院名称，出生日期，入学时间，出生地，政治面貌，备注）values（n'10022', n'王顺利', n'男', n'外语学院', '1986 -09 -02', '2005 -09 -15', n'上海', n'团员', null)

insert dbo.学生表（学号，姓名，性别，学院名称，出生日期，入学时间，出生地，政治面貌，备注）values（n'10023', n'程永欣', n'女', n'外语学院', '1988 -06 -10',

```
'2006 -09 -10', n' 上海 ', n' 党员 ', null)
insert dbo.用户表（用户名，密码）values（n'aaa ', n'aaa '）
insert dbo.用户表（用户名，密码）values（n'bbb ', n'bbb '）
insert dbo.用户表（用户名，密码）values（n'ccc ', n'ccc '）
insert dbo.用户表（用户名，密码）values（n'cheng ', n'123456 '）
insert dbo.用户表（用户名，密码）values（n'cui ', n'123456 '）
insert dbo.用户表（用户名，密码）values（n'vvv ', n'vvv '）
alter table dbo.教师表 add constraint df_教师表_性别 default（' 男 '）for 性别
go
alter table dbo.课程表 add constraint df_课程表_学分 default（（4））for 学分
go
alter table dbo.学生表 add constraint df_学生表_性别 default（' 男 '）for 性别
go
alter table dbo.学生表 add constraint df_学生表_政治面貌 default（' 团员 '）for 政
治面貌
go
alter table dbo.成绩表 with check add constraint fk_成绩表_教师表 foreign key( 教师
编号)
references dbo.教师表（教师编号）
go
alter table dbo.成绩表 check constraint fk_成绩表_教师表
go
alter table dbo.成绩表 with check add constraint fk_成绩表_课程表 foreign key( 课程
号)
references dbo.课程表（课程号）
go
alter table dbo.成绩表 check constraint fk_成绩表_课程表
go
alter table dbo.成绩表 with check add constraint fk_成绩表_学生表 foreign key( 学
号)
references dbo.学生表（学号）
go
alter table dbo.成绩表 check constraint fk_成绩表_学生表
go
```